양식 조리기능사 실기

이현경 저

다락원

머리말

혼자공부비법으로 합격을 원하는 예비 조리기능사들을 응원하며…

"더 빠르게 더 쉽게 그리고 완벽한 기능습득으로 원큐에 패스하기"

요리하기 위해 들어간 부엌에서 하얀 접시를 발견한다. 그리고 냉장고에서 재료를 꺼내 그 접시 위에 놓는다. 재료만 봐서는 어떤 요리가 될지 상상할 수 없다. 그러나 이것만은 확실하다. 요리하는 사람의 숙련도와 좋은 재료에 따라 완성도와 맛은 달라질 것이다. 조리기술도 마찬가지다. 조리기능사를 준비하는 수험생들이 아직 채워지지 않은 접시를 어떻게 채울지는 어떻게 공부하냐에 달려있다.
이 책은 아직 채워지지 않은 수험생들을 제대로 이끌어 보고자 준비하였다. 치열하게 나날이 발전하는 조리세계에서 자신감의 첫걸음이 될 수 있는 양식조리기능사 자격을 더 빠르게, 더 쉽게, 그리고 완벽하게 습득하여 단번에 합격하기를 바란다.

'노력은 배신하지 않는다. 그러나 꿀팁이 있다면 노력도 즐겁다.'

처음 요리를 시작하면 재료 손질법부터 썰기, 조리법 등 배워야 할 것도 많고 어렵다. 뭐든지 그냥 얻어지는 것은 없다. 하지만 노력은 배신하지 않는다. 그러나 그 노력이 때로는 힘이 든다.
But! 지금 이 책을 보고 있는 주인공인 당신! 당신은 이책을 통해 즐겁고 쉽게 배울 수 있다. 저자의 다년간의 노하우와 연구를 통해 축적된 다양한 꿀팁이 대방출되었다!! 책과 동영상을 보며 함께 공부한다면 혼자서도 즐겁게, 단번에 합격할 수 있다.

'행복한 요리~ 즐거운 요리를 하자!'

요구사항과 시간에 쫓겨 시험을 치르고 합격을 기다려야 하는 초조함…, 생각만 해도 NO~NO~. 그래도 겪어야 한다면 즐겁게 준비하자. 즐기는 자는 따라갈 수 없는 법!
비록 시험은 규격에 맞춰 순서를 지켜야 하는 스트레스 유발자이지만, 요리를 시험이 아닌 사랑하는 사람에게 주려고 만든다고 생각하자. 치열하지만 즐겁고 행복하게 긍정적인 마음을 갖고…, 동영상을 보면 절로 노래가 나오고 행복바이러스가 전파될 것이다. 스트레스 없는 배움이 시작된다. 그러면 그 마음이 요리에 반드시 나타날 것이다.

'모두가 합격하는 그날까지!'

지금까지 나왔던 어떤 수험서보다도 가장 자세하고, 채점기준을 완벽하게 반영하였다고 자부한다. 저자는 계속적으로 시험기준을 꼼꼼하게 분석하고 앞서 연구하고 노력할 것이다. 그리고 이 길을 수험생들과 함께 걸어 모두가 합격하는 그날까지 최선을 다하겠다.
힘들지만 행복한 길을 택한 멋진 수험생들을 언제나 응원하며, 모두의 합격을 기원한다.

이 책의 활용법

1 시험시간 체크!
쉬운 것부터 차근차근 학습한다!

2 동영상 QR코드!
각 과제별 동영상을 바로 볼 수 있다!

3 크게보자! 완성작!
시간 안에 담는 것만큼 예쁘게 담는 것도 중요하다!

4 자주 출제되는 짝꿍과제!
출제되는 두 과제는 시험시간에 따라 결정된다. 함께 연습하여 손에 익히자!

5 꼭꼭 체크 요구사항!
규격, 제출량 등 요구사항을 반드시 암기하자!

30분 ❶

❷ 브라운 스톡

Brown stock

❸

❹ 짝꿍과제

치킨 커틀렛	30분	97p
프렌치 프라이드 쉬림프	25분	38p
서로인 스테이크	30분	108p
살리스버리 스테이크	40분	132p

요구사항 ❺

❶ 스톡은 맑고 갈색이 되도록 하시오.
❷ 소뼈는 찬물에 담가 핏물을 제거한 후 구워서 사용하시오.
❸ 당근, 양파, 셀러리는 얇게 썬 후 볶아서 사용하시오.
❹ 향신료로 사세 데피스(sachet d'epice)를 만들어 사용하시오.
❺ 완성된 스톡은 200ml 이상 제출하시오.

82 양식조리기능사 실기

조리준비
조리 시작 전 썰기 방법과 향신료를 숙지할 수 있습니다.

파슬리(Parsley)

셀러리(Celery)

바질(Basil)

월계수잎(Bay Leaf)

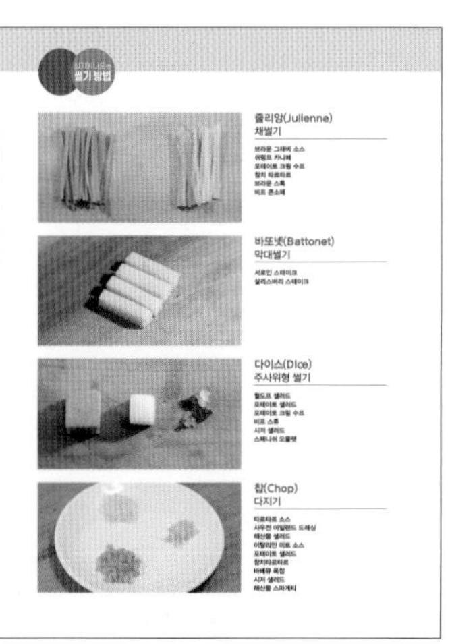

쥘리앙(Julienne) 채썰기

바또넷(Battonet) 막대썰기

다이스(Dice) 주사위형 썰기

찹(Chop) 다지기

시험안내
정확한 시험 정보를 안내합니다.

시험안내

6 과정 한눈에 보기

전체 과정을 한눈에 보고
작업 순서를 이해하자!

7 재료 잘 챙기기!

재료를 꼼꼼히 암기해 시험장에서
빠트리지 않기!

8 상세한 요리 과정!

사진을 따라가면 요리 과정이
한눈에 읽힌다!

9 저자의 팁!

좀 더 쉽게, 좀 더 정확하게,
저자가 주는 팁을 참고하자!

10 조리 용어 풀이!

낯설고 어려운 양식조리 용어를
교과서 기준으로 정확하게 정리했다!

혼공비법 실전 10가지

두 과제를 제한 시간 안에 할 수 있는
비법을 제시합니다.

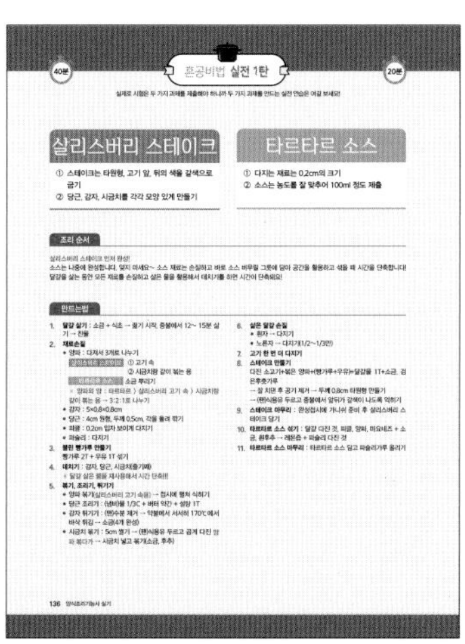

레시피 요약

점선을 따라 잘라 활용하는 레시피
요약집을 제공합니다.

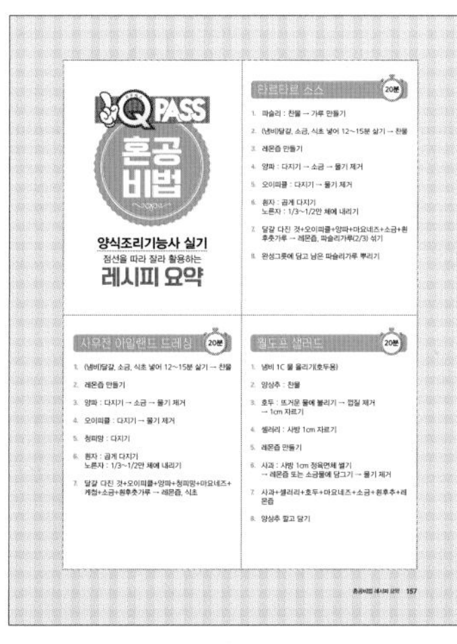

재료 실사 카드

한 눈에 보는 규격 암기용 재료
실사 카드를 제공합니다.

실기시험 합격비법

1 재료는 씻으면서 처음부터 나눠놓기

두 가지 과제를 한꺼번에 진행해서 재료가 헷갈릴 수 있어요.
지급재료가 아닌 재료사용은 오작입니다.
재료를 씻으면서 접시를 두 개 놓고 각각의 과제에 따른 지급재료를 따로 분리하세요.
여기서 잠깐! 공통 재료가 있다면 처음부터 자르거나 나눠서 다른 재료라고 생각하고 사용하세요.

2 동시에 두 가지가 힘들다면 하나씩 차례로 완성하기

양식의 경우 한식과 다르게 작업이 복잡하진 않아요.
한식과 마찬가지로 데치거나 스톡(육수)을 먼저 진행하고 동시에 두 메뉴를 하는 게 어렵다면 오래두어도 형태의 변화가 없는 품목을 먼저 하세요.
예를 들어 시험품목이 BLT샌드위치, 브라운 그래비 소스가 같이 나온다면 BLT샌드위치를 먼저 손질하고 완성한 다음에 브라운 그래비 소스를 나중에 만들어 완성하시고 제출하셔도 돼요.
대부분 소스류는 나중에 완성, 소스류 2개가 나오면 더 맑은 소스를 먼저 완성하면 됩니다.

3 도마에서는 흰 재료부터 진한 색으로 진행하기

도마를 계속 헹구면서 사용하면 시간이 아까워요.
도마 사용은 양파, 셀러리부터 시작해서 색이 진한 순으로 끝나도록 재료의 색에 유의해서 순서를 정해 손질하세요.

4 루를 이용한 소스류나, 샐러드는 나중에 완성하기

루를 이용한 소스류는 미리 만들면 루 때문에 너무 되직해지기 때문에 한식의 죽처럼 되서 좋은 점수를 받을 수 없어요.
깜박하고 일찍 만들었다면 제출직전에 냄비에 다시 넣고 물로 농도를 맞춰 끓여 제출하세요.
샐러드는 미리 만들면 물이 생겨 좋지 않아요.
따라서 루를 이용한 소스류나 샐러드는 다른 과제를 완성하고 마지막에 완성한다고 생각하고 진행하세요.

5 팬 작업은 준비해서 한꺼번에 진행하기

냄비를 사용하다가 팬을 사용하고, 또 냄비를 사용한다면 계속 팬과 냄비를 씻게 되어 시간낭비, 작업순서가 꼬일 수 있어요.
팬을 먼저 사용하고 냄비는 재료를 모두 손질해서 한꺼번에 진행하세요(소스나 스톡류).

6 주변사람들에게 휘둘리지 말기

주변에서 빠르게 진행해도 내 갈 길만 가면 됩니다.
나와 방법을 다르게 하는 사람을 따라가다 오히려 잘못되면 점수가 감점될 수 있어요.
자신을 믿고 자신이 익힌 순서로 진행하세요.

7 재료는 필요한 만큼만 사용하기

과제에 따라 재료가 필요한 것보다 많이 나오는 경우가 있어요.
모든 재료를 손질하면 시간이 부족해요.
연습할 때 필요한 재료의 양을 확인하고 실전에 적용하세요.

8 도마 위에는 두 가지 이상의 재료를 올리지 않기

빠르게 진행한다고 도마 위에 여러 재료를 놓고 손질하면 볼 때마다 감독위원에게 점수가 감점됩니다.

9 순서가 기억나지 않는다면 행주를 빨거나 주변을 정리하기

긴장이 돼서 순서가 생각이 나지 않아요.
그럴 땐 행주를 빨거나 주변을 정리하며 마음을 가다듬고 순서를 생각하는 시간을 가지세요. 행주 빨고, 주변 정리하면 위생 up!
양식은 한식에 비해 시간이 부족하지 않아요. 조금 여유를 가져도 좋을 듯 ^^

10 실수해도 자신감 있게!

사람은 누구나 실수합니다.
작은 실수로 포기하기보다 끝까지 최선을 다해서 마무리 하세요.
좋은 결과가 있을 거예요.
노력은 배신하지 않고, 즐기는 자를 이기지 못합니다. 파이팅!!!

한 눈에 보기

30분 브라운 스톡 _82

30분 쉬림프 카나페 _86

30분 스페니쉬 오믈렛 _90

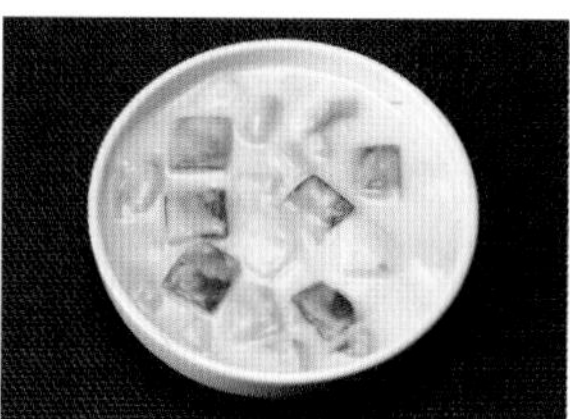
30분 치킨 알라킹 _93

30분 치킨 커틀렛 _97

30분 스파게티 카르보나라 _100

30분 참치타르타르 _103

30분 서로인 스테이크 _108

35분 토마토 소스 해산물 스파게티 _112

35분 시저 샐러드 _117

40분 비프 콘소메 _121

40분 비프 스튜 _125

40분 바베큐 폭찹 _129

40분 살리스버리 스테이크 _132

차례

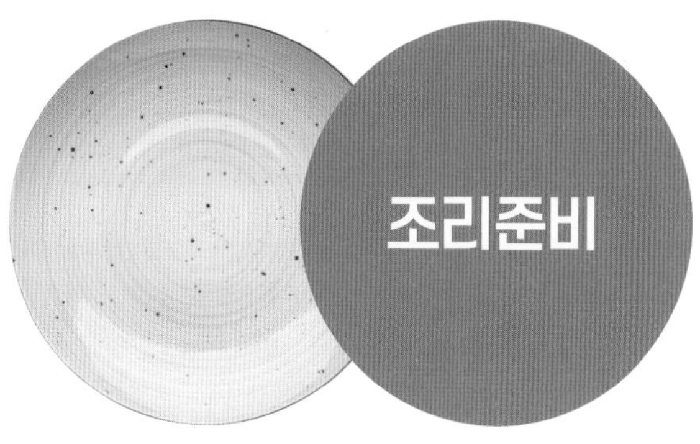

조리준비

실기에 나오는 썰기 방법
실기에 나오는 향신료
루(Roux)

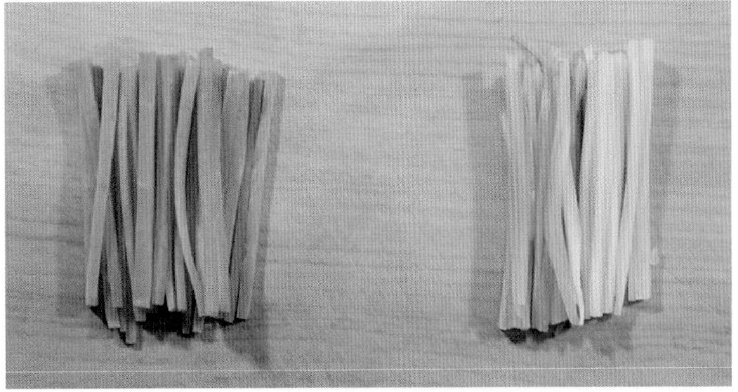

줄리앙(Julienne)
채썰기

브라운 그래비 소스
쉬림프 카나페
포테이토 크림 수프
참치 타르타르
브라운 스톡
비프 콘소메

바또넷(Battonet)
막대썰기

서로인 스테이크
살리스버리 스테이크

다이스(Dice)
주사위형 썰기

월도프 샐러드
포테이토 샐러드
포테이토 크림 수프
비프 스튜
시저 샐러드
스페니쉬 오믈렛

찹(Chop)
다지기

타르타르 소스
사우전 아일랜드 드레싱
해산물 샐러드
이탈리안 미트 소스
포테이토 샐러드
참치타르타르
바베큐 폭찹
시저 샐러드
해산물 스파게티

민스(Mince)
고기다지기

이탈리안 미트 소스
햄버거 샌드위치
살리스버리 스테이크

콩카세(Concasse)
토마토 껍질벗겨 다지기

브라운 스톡
피시 차우더 수프
해산물 스파게티
비프 콘소메

비쉬(Vichy)
비행접시 모양썰기

서로인 스테이크
살리스버리 스테이크

페이잔느(Paysanne)
납작썰기

미네스트로니 수프
치킨 알라킹

파슬리(Parsley)

전 세계 어디에나 널리 이용되는데 음식의 장식으로 주로 사용한다.
잘게 썰어서 요리에 뿌리기도 한다.

타르타르 소스
프렌치 프라이드 쉬림프
포테이토 샐러드
참치타르타르
미네스트로니 수프
스파게티 카르보나라
비프 스튜
홀렌다이즈 소스
이탈리안 미트 소스
쉬림프 카나페
브라운 스톡
프렌치 어니언 수프
해산물 스파게티
비프 콘소메

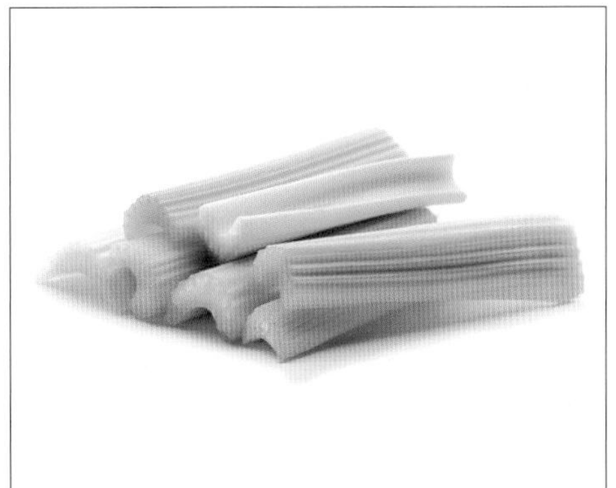

셀러리(Celery)

달고 매운 맛의 민트과의 향신료, 이탈리아 요리에 많이 사용되며
토마토 요리에는 대부분 들어간다.

월도프 샐러드
이탈리안 미트 소스
햄버거 샌드위치
브라운 스톡
피시 차우더 수프
비프 콘소메
해산물 샐러드
브라운 그래비 소스
쉬림프 카나페
미네스트로니 수프
비프 스튜
바베큐 폭찹

바질(Basil)

이탈리아 요리에 있어서 빠질 수 없는 향신료. 일년생 식물로서
높이가 45cm까지 자라고 엷은 신맛을 내며 강한 향기가 있다.

해산물 스파게티

월계수잎(Bay Leaf)

음식을 만드는 도중에 넣어 향기를 내는데 음식이 끓으면 건져낸다.
얼얼한 맛과 특이한 향미가 있고 식욕을 촉진하는 향미와 방부력이 뛰어나다.

홀렌다이즈 소스
이탈리안 미트 소스
브라운 스톡
피시 차우더 수프
치킨 알라킹
비프 콘소메
해산물 샐러드
브라운 그래비 소스
미네스트로니 수프
포테이토 크림 수프
비프 스튜
바베큐 폭찹

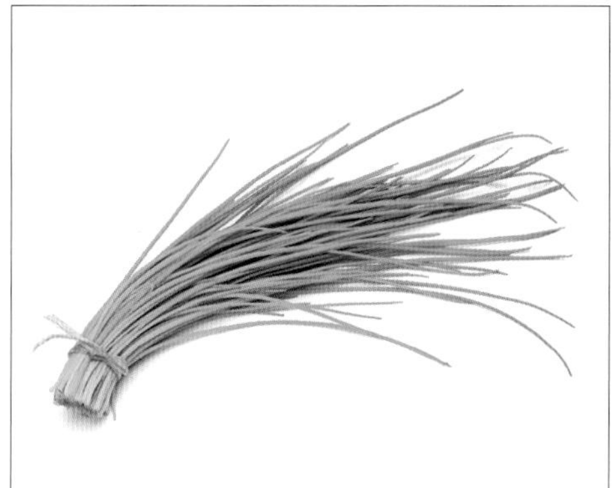

차이브(Chive)

에센셜 오일에 유황이 함유되어 있어 독특한 풍미와 향을 내며 식욕증진, 신장에 강장작용과 혈압을 내리며 방부제 역할을 한다.

참치타르타르
해산물샐러드

딜(Dill)

강한 향미를 가지며, 식물 전체가 향기가 난다. 줄기, 잎, 꽃, 종자 모두 이용할 수 있으며 신맛이 강한 요리에 많이 사용된다.

해산물 샐러드
참치타르타르

처빌(Chervil)

야채나 어패류의 수프 등 미세한 맛을 내는데 신선한 잎을 잘게 다져 수프에 띄우면 밝은 녹색으로 요리를 돋보이게 한다. 요리의 마무리 장식으로도 이용된다.

참치타르타르

정향(Dried clove buds)

클로브(정향) 꽃봉오리를 건조시켜 이용한다. 매우 강한 향(백리향)으로 그대로 또는 가루로 이용한다. 주로 스튜, 피클, 수프 등에 이용된다.

브라운 그래비 소스
브라운 스톡
마네스트로니 수프
피시 차우더 수프
치킨 알라킹
비프 스튜
비프 콘소메

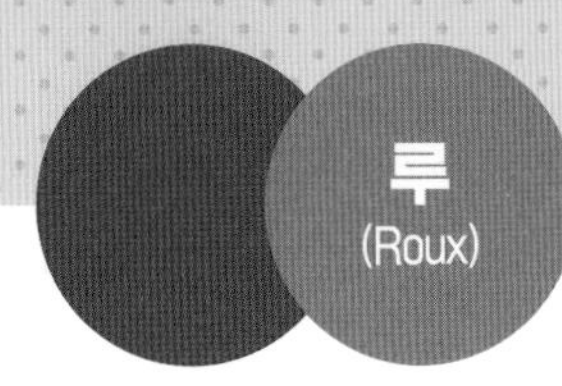

루(Roux)

밀가루와 버터 등의 지방을 1:1 비율로 섞은 것으로 천천히 약한 불에서 조리되어 수프나 소스 같은 음식을 걸쭉하게 만드는데 사용된다. 색에 따라 화이트 루, 브론드 루, 브라운 루가 있다.

〈만드는 법〉

1. 냄비에 버터를 색이 나지 않게 천천히 녹인다.
2. 밀가루를 체에 쳐서 일정한 비율로 녹인 버터에 첨가한다.
3. 버터와 밀가루를 약불에서 나무주걱을 이용하여 골고루 저어 쿠키 굽는 냄새가 나면서 걸쭉한 상태로 만든다. 쓰임에 따라 시간과 색을 달리하여 화이트 루, 브론드 루, 브라운 루를 만든다.

※ 루는 버터 외에 지방(fat) 등으로 만들 수 있다. 다만 지방은 버터보다 높은 온도에 강하므로 더 진한 갈색을 낼 수 있기 때문에 온도에 주의한다.

양식조리기능사 실기 시험안내

시험안내

자격명 양식조리기능사
영문명 Craftman Cook, Western Food
관련부처 식품의약품안전처
시행기관 한국산업인력공단

* 필기합격은 2년 동안 유효합니다.

응시자격 필기시험 합격자
응시방법 한국산업인력공단 홈페이지
[회원가입 → 원서접수 신청 → 자격선택 → 종목선택 → 응시유형 → 추가입력 → 장소선택 → 결제하기]
응시료 29,600원

시험일정 상시시험
* 자세한 일정은 Q-net(http://q-net.or.kr)에서 확인

시험문항 30가지 메뉴 중 2가지 메뉴가 무작위로 출제
검정방법 작업형
시험시간 70분 정도
합격기준 100점 만점에 60점 이상
합격발표 발표일에 큐넷 홈페이지에서 확인

●합격률

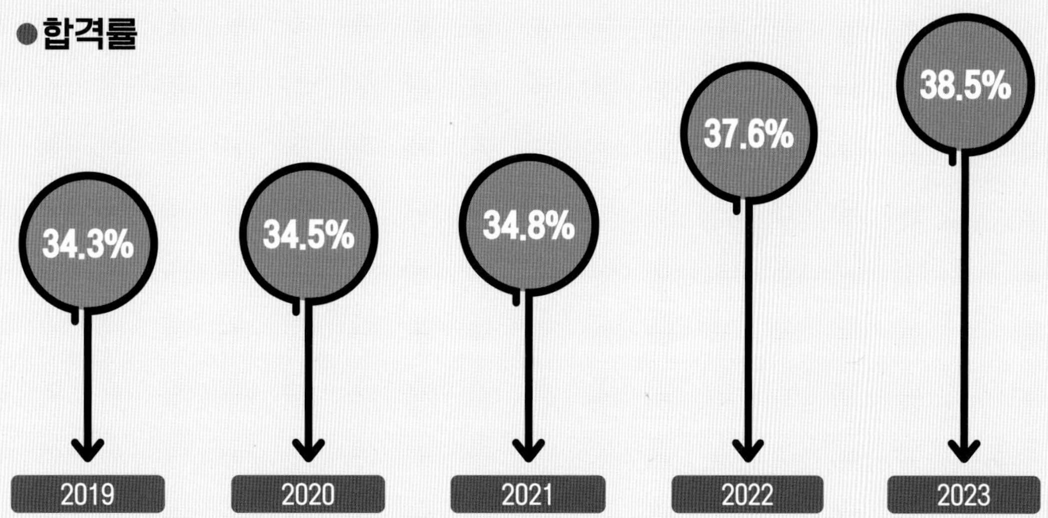

●작업형 실기시험 기본정보

안전등급(safety Level) : 4등급

시험장소 구분	실내
주요시설 및 장비	가스레인지, 칼, 도마 등 조리기구
보호구	긴소매 위생복, 앞치마, 안전화(운동화) 등

★ 보호구(긴소매 위생복, 안전화(운동화) 등) 착용, 정리정돈 상태, 안전사항 등이 채점 대상이 될 수 있습니다. 반드시 수험자 지참 공구 목록을 확인하여 주시기 바랍니다.

위생상태 및 안전관리 세부기준 안내

위생복 상의	• **전체 흰색, 손목까지 오는 긴소매** – 조리과정에서 발생 가능한 안전사고(화상 등) 예방 및 식품위생(체모 유입방지, 오염도 확인 등) 관리를 위한 기준 적용 – 조리과정에서 편의를 위해 소매를 접어 작업하는 것은 허용 – 부직포, 비닐 등 화재에 취약한 재질이 아닐 것, 팔토시는 긴팔로 불인정 • **상의 여밈은 위생복에 부착된 것이어야 하며 벨크로(일명 찍찍이), 단추 등의 크기, 색상, 모양, 재질은 제한하지 않음(단, 핀 등 별도 부착한 금속성은 제외)**
위생복 하의	• **색상·재질무관, 안전과 작업에 방해가 되지 않는 발목까지 오는 긴바지** – 조리기구 낙하, 화상 등 안전사고 예방을 위한 기준 적용
위생모	• **전체 흰색, 빈틈이 없고 바느질 마감처리가 되어 있는 일반 조리장에서 통용되는 위생모 (모자의 크기, 길이, 모양, 재질(면·부직포 등)은 무관)**
앞치마	• **전체 흰색, 무릎 아래까지 덮이는 길이** – 상하일체형(목끈형) 가능, 부직포·비닐 등 화재에 취약한 재질이 아닐 것
마스크	• **침액을 통한 위생상의 위해 방지용으로 종류는 제한하지 않음** (단, 감염병 예방법에 따라 마스크 착용 의무화 기간에는 '투명 위생 플라스틱 입가리개'는 마스크 착용으로 인정하지 않음)
위생화 (작업화)	• **색상 무관, 굽이 높지 않고 발가락·발등·발뒤꿈치가 덮여 안전사고를 예방할 수 있는 깨끗한 운동화 형태**
장신구	• **일체의 개인용 장신구 착용 금지**(단, 위생모 고정을 위한 머리핀 허용)
두발	• **단정하고 청결할 것, 머리카락이 길 경우 흘러내리지 않도록 머리망을 착용하거나 묶을 것**
손/손톱	• **손에 상처가 없어야 하나, 상처가 있을 경우 보이지 않도록 할 것**(시험위원 확인 하에 추가 조치 가능) • **손톱은 길지 않고 청결하며 매니큐어, 인조손톱 등을 부착하지 않을 것**
폐식용유 처리	• **사용한 폐식용유는 시험위원이 지시하는 적재장소에 처리할 것**
교차오염	• **교차오염 방지를 위한 칼, 도마 등 조리기구 구분 사용은 세척으로 대신하여 예방할 것** • **조리기구에 이물질**(테이프 등)**을 부착하지 않을 것**
위생관리	• **재료, 조리기구 등 조리에 사용되는 모든 것은 위생적으로 처리하여야 하며, 조리용으로 적합한 것일 것**
안전사고 발생 처리	• **칼 사용**(손 빔) **등으로 안전사고 발생 시 응급조치를 하여야 하며, 응급조치에도 지혈이 되지 않을 경우 시험진행 불가**
눈금표시 조리도구	• **눈금표시된 조리기구 사용 허용**(실격 처리되지 않음, 2022년부터 적용) (단, 눈금표시에 재어가며 재료를 써는 조리작업은 조리기술 및 숙련도 평가에 반영)
부정 방지	• **위생복, 조리기구 등 시험장 내 모든 개인물품에는 수험자의 소속 및 성명 등의 표식이 없을 것**(위생복의 개인 표식 제거는 테이프로 부착 가능)
테이프 사용	• **위생복 상의, 앞치마, 위생모의 소속 및 성명을 가리는 용도로만 허용**

* 위 내용은 안전관리인증기준(HACCP) 평가(심사) 매뉴얼, 위생등급 가이드라인 평가 기준 및 시행상의 운영사항을 참고하여 작성된 기준입니다.

수험자 지참 준비물

※ 2024년 기준. 큐넷 홈페이지**[국가자격시험 〉 실기시험 안내 〉 수험자 지참 준비물]**에서 최신 자료를 확인하세요.

- ☐ 가위 1ea
- ☐ 강판 1ea
- ☐ 거품기(수동, 자동 및 반자동 사용 불가) 1ea
- ☐ 계량스푼 1ea
- ☐ 계량컵 1ea
- ☐ 국대접(기타 유사품 포함) 1ea
- ☐ 국자 1ea
- ☐ 냄비★ 1ea
- ☐ 다시백 1ea
- ☐ 도마★(흰색 또는 나무도마) 1ea
- ☐ 뒤집개 1ea
- ☐ 랩 1ea
- ☐ 마스크★ 1ea
- ☐ 면포/행주(흰색) 1장
- ☐ 밥공기 1ea
- ☐ 볼(bowl)★ 1ea
- ☐ 비닐팩(위생백, 비닐봉지 등 유사품 포함) 1장
- ☐ 상비의약품(손가락골무, 밴드 등) 1ea
- ☐ 쇠조리(혹은 체) 1ea
- ☐ 숟가락(차스푼 등 유사품 포함) 1ea
- ☐ 앞치마★(흰색, 남녀공용) 1ea
- ☐ 위생모★(흰색) 1ea
- ☐ 위생복★(상의-흰색, 긴소매 / 하의-긴바지, 색상 무관) 1벌
- ☐ 위생타올(키친타올, 휴지 등 유사품 포함) 1장
- ☐ 이쑤시개(산적꼬치 등 유사품 포함) 1ea
- ☐ 접시(양념접시 등 유사품 포함) 1ea
- ☐ 젓가락 1ea
- ☐ 종이컵 1ea
- ☐ 종지 1ea
- ☐ 주걱 1ea
- ☐ 집게 1ea
- ☐ 채칼(box grater)★ 1ea
- ☐ 칼(조리용칼, 칼집포함) 1ea
- ☐ 테이블스푼★ 2ea
- ☐ 호일 1ea
- ☐ 후라이팬★ 1ea

★ 시험장에도 준비되어 있음
★ 위생복장(위생복, 위생모, 앞치마, 마스크)을 착용하지 않을 경우 채점대상에서 제외(실격)됩니다.
★ 시저샐러드용으로만 사용가능
★ 필수지참, 숟가락으로 대체 가능

- 지참준비물의 수량은 최소 필요수량이므로 수험자가 필요시 추가 지참 가능
- 지참준비물은 일반적인 조리용으로 기관명, 이름 등 표시가 없는 것
- 지참준비물 중 수험자 개인에 따라 과제를 조리하는데 불필요하다고 판단되는 조리기구는 지참하지 않아도 무방
- 지참준비물 목록에는 없으나 조리에 직접 사용되지 않는 조리 주방용품(수저통 등)은 지참 가능
- 수험자지참준비물 이외의 조리기구를 사용한 경우 채점대상에서 제외(실격)

수험자 유의사항

1 만드는 순서에 유의하며, 위생과 숙련된 기능평가를 위하여 조리작업 시 맛을 보지 않습니다.

2 지정된 수험자지참준비물 이외의 조리기구나 재료를 시험장 내에 지참할 수 없습니다.

3 지급재료는 시험 전 확인하여 이상이 있을 경우 시험위원으로부터 조치를 받고 시험 중에는 재료의 교환 및 추가지급은 하지 않습니다.

4 요구사항 및 지급재료의 규격은 "정도"의 의미를 포함하며, 재료의 크기에 따라 가감하여 채점됩니다.

5 위생복, 위생모, 앞치마, 마스크를 착용하여야 하며, 시험장비 · 조리기구 취급 등 안전에 유의합니다.

6 다음 사항은 실격에 해당하여 채점 대상에서 제외됩니다.
① 수험자 본인이 시험 도중 시험에 대한 포기 의사를 표현하는 경우
② 위생복, 위생모, 앞치마, 마스크를 착용하지 않은 경우
③ 시험시간 내에 과제 두 가지를 제출하지 못한 경우
④ 문제의 요구사항대로 과제의 수량이 만들어지지 않은 경우
⑤ 완성품을 요구사항의 과제(요리)가 아닌 다른 요리(㉬ 달걀말이→달걀찜)로 만든 경우
⑥ 불을 사용하여 만든 조리작품이 작품특성에서 벗어나는 정도로 타거나 익지 않은 경우
⑦ 해당과제의 지급재료 이외 재료를 사용하거나, 요구사항의 조리기구(석쇠 등)로 완성품을 조리하지 않은 경우
⑧ 지정된 수험자지참준비물 이외의 조리기술에 영향을 줄 수 있는 기구를 사용한 경우
⑨ 가스레인지 화구 2개 이상(2개 포함) 사용한 경우
⑩ 시험 중 시설 · 장비(칼, 가스레인지 등) 사용 시 시험위원 및 타수험자의 시험 진행에 위해를 일으킬 것으로 시험위원 전원이 합의하여 판단한 경우
⑪ 요구사항에 표시된 실격 및 부정행위에 해당하는 경우

7 항목별 배점은 위생상태 및 안전관리 5점, 조리기술 30점, 작품의 평가 15점입니다.

8 시험시작 전 가벼운 몸 풀기(스트레칭) 동작으로 긴장을 풀고 시험을 시작합니다.

30가지의 과제 중 2가지 과제가 선정됩니다.
주어진 시간 내에 2가지 과제를 만들어 제출하세요.

※ 과제별 레시피는 수험자의 편의를 위해 가능한 한 자세히 기술하였습니다.

타르타르 소스

Tartar sauce

짝꿍과제

시저 샐러드 35분	117p
쉬림프 카나페 30분	86p
BLT 샌드위치 30분	60p
바베큐 폭찹 40분	129p

요구사항

❶ 다지는 재료는 0.2cm 크기로 하고 파슬리는 줄기를 제거하여 사용하시오.

❷ 소스는 농도를 잘 맞추어 100ml 이상 제출하시오.

과정 한눈에 보기

재료 세척 → 달걀 삶기 → 재료 다지기 → 재료 섞기 → 완성

재료

오이피클(개당 25~30g) 1/2개
양파(중, 150g) 1/10개 / **파슬리**(잎, 줄기 포함) 1줄기
달걀 1개 / **레몬**(길이로 등분) 1/4개

마요네즈 70g / **소금**(정제염) 2g / **흰후춧가루** 2g
식초 2ml

만드는 법

1 파슬리는 찬물에 담가둔다.

2 냄비에 달걀이 잠길 정도의 물을 넣고, 소금과 식초, 달걀을 넣어 끓기 시작하면 중불에서 12~15분 정도 삶는다.

3 삶은 달걀은 찬물에 담가 식힌다.

잠깐! 바로 식히지 않으면 달걀이 녹변현상을 일으킬 수 있어요.

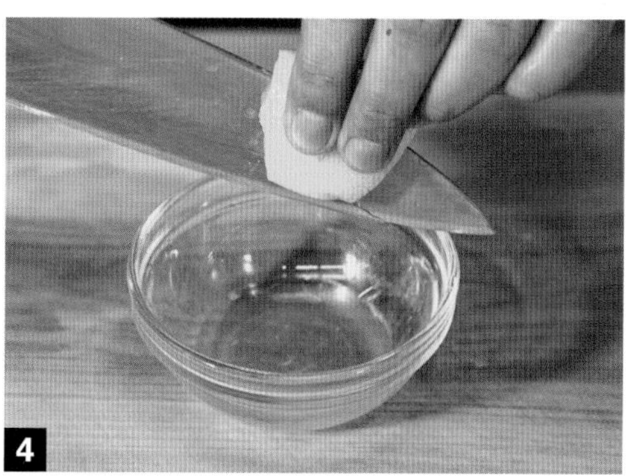

4 레몬은 막과 씨를 제거하고 레몬즙을 짠다.

5

양파는 0.2cm로 입자가 보이게 다져 소금을 넣고 절인 후 물기를 제거한다.

6

오이피클은 0.2cm로 입자가 보이게 다져 물기를 제거한다.

7

파슬리는 곱게 다지고 면포에 싸서 물에 헹군 후 보슬한 가루로 만든다.

8

흰자는 곱게 다지고, 노른자는 체에 내린다.

잠깐! 노른자는 다 사용하면 타르타르 소스 색이 좋지 않아요. 1/2만 사용하세요.

9

달걀, 오이피클, 양파, 마요네즈, 소금, 흰후춧가루를 넣고 버무린 후 레몬즙으로 농도를 맞추고 파슬리 다진 것(2/3만)을 넣어 섞는다.

잠깐! 레몬즙이 부족하다면 식초로 나머지 농도를 맞추세요.

10

완성그릇에 소스를 담고 남은 파슬리 가루를 뿌린다.

합격포인트

1_ **소스를 숟가락으로 가르고 탕탕 쳤을 때 일직선이 되도록 농도를 맞춘다.**

2_ **채소의 물기 제거에 유의한다.**

3_ **모든 재료는 곱게 다진다.**

사우전 아일랜드 드레싱

Thousand island dressing

짝꿍과제

포테이토 크림 수프 30분	79p
해산물 스파게티 35분	112p
스페니쉬 오믈렛 30분	90p
치킨 알라킹 30분	93p

요구사항

❶ 드레싱은 핑크빛이 되도록 하시오.
❷ 다지는 재료는 0.2cm 크기로 하시오.
❸ 드레싱은 농도를 잘 맞추어 100ml 이상 제출하시오.

과정 한눈에 보기

재료 세척 → 달걀 삶기 → 재료 다지기 → 재료 섞기 → 완성

재료

오이피클(개당 25~30g) 1/2개 / **양파**(중, 150g) 1/6개
레몬(길이로 등분) 1/4개 / **달걀** 1개
청피망(중, 75g) 1/4개

마요네즈 70g / **소금**(정제염) 2g / **흰후춧가루** 1g
토마토케첩 20g / **식초** 10ml

만드는 법

1 냄비에 달걀이 잠길 정도의 물을 넣고, 소금과 식초, 달걀을 넣어 끓기 시작하면 중불에서 12~15분 정도 삶는다.

2 삶은 달걀은 찬물에 담가 식힌다.

잠깐! 바로 식히지 않으면 달걀이 녹변현상을 일으킬 수 있어요.

3 레몬은 막과 씨를 제거하고 레몬즙을 짠다.

4 양파는 0.2cm로 입자가 보이게 다져 소금을 넣고 절인 후 물기를 제거한다.

5 오이피클은 0.2cm로 입자가 보이게 다져 물기를 제거한다.

6 청피망은 0.2cm로 입자가 보이게 다져 물기를 제거한다.

7 흰자는 곱게 다지고, 노른자는 체에 내린다.

8 달걀, 양파, 피클, 피망, 마요네즈, 케찹, 소금, 흰후춧가루를 넣어 버무린 후 레몬즙과 식초로 농도를 맞춘다.

잠깐! 마요네즈 : 케찹 = 3 : 1 핑크빛으로 만드세요.

9 완성그릇에 드레싱을 담아낸다.

합격포인트

1_ **소스의 농도가 너무 묽거나 되지 않아야 하고, 핑크빛이 잘 나타나야 한다.**

2_ **채소의 물기 제거에 유의한다.**

3_ **모든 재료는 곱게 다진다.**

월도프 샐러드

Waldorf salad

짝꿍과제

햄버거 샌드위치 30분	63p
미네스트로니 수프 30분	68p
브라운 스톡 30분	82p
치킨 알라킹 30분	93p

요구사항

❶ 사과, 셀러리, 호두알을 1cm의 크기로 써시오.
❷ 사과의 껍질을 벗겨 변색되지 않게 하고, 호두알의 속껍질을 벗겨 사용하시오.
❸ 상추 위에 월도프 샐러드를 담아내시오.

과정 한눈에 보기

재료 세척 → 재료손질 및 썰기 → 재료 섞기 → 완성

재료

사과(200~250g) 1개 / **셀러리** 30g
호두(중, 겉껍질 제거한 것) 2개
레몬(길이로 등분) 1/4개
양상추(잎상추 대체 가능, 2잎) 20g

소금(정제염) 2g / **흰후춧가루** 1g / **마요네즈** 60g
이쑤시개 1개

만드는 법

1 냄비에 물 1컵을 올린다.

2 양상추는 찬물에 담가둔다.

3 냄비에 물이 끓으면 호두에 부어 불린다.

4 셀러리는 섬유질 제거 후 사방 1cm로 자른다.

5
레몬은 막과 씨를 제거하고 레몬즙을 짠다.

잠깐! 레몬즙은 ① 사과 갈변 방지를 위한 물 ② 마요네즈 소스 두 군데에 들어가요.

6
사과는 껍질을 벗겨 사방 1cm 정육면체로 썰어 레몬즙 또는 소금물에 담근다.

7
호두는 이쑤시개를 이용해 껍질을 벗기고 1cm 크기로 자른다.

8
사과는 건져 물기를 제거한다.

9
사과 + 셀러리 + 호두 + 마요네즈 + 소금 + 흰후추 + 레몬즙을 넣고 버무린다.

잠깐! 샐러드가 덩어리지지 않게 마요네즈를 조금씩 넣어 버무리세요.

10
접시에 양상추를 깔고 버무린 샐러드를 담고 1cm 크기로 썬 호두를 얹어 완성한다.

잠깐! 호두는 샐러드 버무릴 때 모두 사용하던지, 나누어 샐러드 위에 뿌려도 상관없어요.

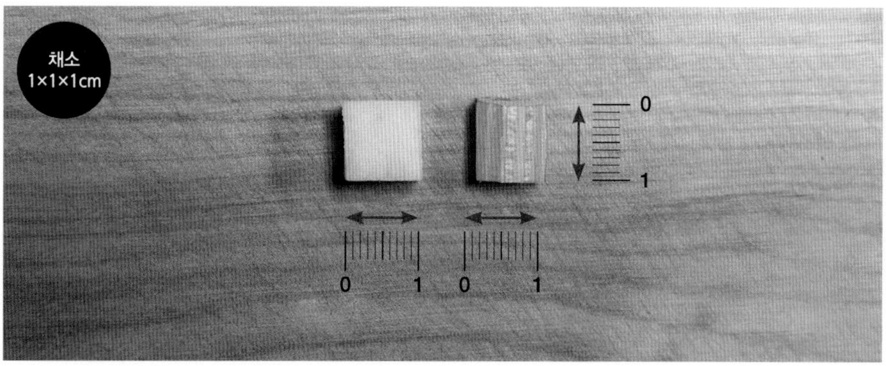

합격포인트

1_ 사과의 변색에 유의한다.
2_ 사과의 물기를 잘 제거하여 마요네즈가 흘러내리지 않도록 한다.

치즈 오믈렛

Cheese omelet

짝꿍과제

해산물 스파게티 35분	112p
비프 콘소메 40분	121p
피시 차우더 수프 30분	72p
참치타르타르 30분	103p

요구사항

❶ 치즈는 사방 0.5cm로 자르시오.

❷ 치즈가 들어가 있는 것을 알 수 있도록 하고, 익지 않은 달걀이 흐르지 않도록 만드시오.

❸ 나무젓가락과 팬을 이용하여 타원형으로 만드시오.

과정 한눈에 보기

재료 세척 → 치즈 자르기 → 달걀물 만들기 → 치즈 넣어 오믈렛 만들기

재료

달걀 3개 / **치즈**(가로, 세로 8cm) 1장

버터(무염) 30g / **식용유** 20ml / **생크림**(동물성) 20ml
소금(정제염) 2g

만드는 법

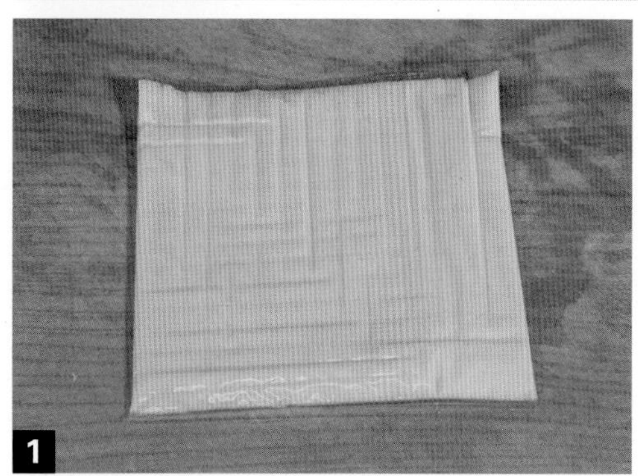

1 치즈는 사방 0.5cm 크기로 자른다.

2 달걀 3개를 물기 없이 깨끗한 볼에 깨뜨려 잘 푼 뒤 소금을 섞어 체에 내린다.

3 체에 내린 달걀에 생크림 1큰술을 섞는다.

4 치즈 1/2을 달걀물에 넣는다.

잠깐! 치즈는 ① 달걀물 ② 오믈렛 속 두 군데에 들어가요.

5

오믈렛팬에 식용유 + 버터를 넣고 달군다.

6

달군 오믈렛팬에 달걀을 넣어 젓가락을 이용해 스크램블 에그를 만든다.

스크램블 마구 저어서 거품을 일게 하거나, 볶는 등의 조작을 이르는 말

7

달걀이 반 정도 익으면 남은 치즈를 넣고 양 끝을 타원형으로 접어 럭비공 모양을 만든다.

잠깐! 모양을 잡을 때는 약불로 만드세요.

8

완성접시에 보기 좋게 담는다.

합격포인트

1_ **반으로 갈랐을 때 달걀물이 흐르지 않는 상태(반숙)가 되도록 한다.**
2_ **익힌 오믈렛이 갈라지거나 굳어지지 않고 표면이 매끄러워야 한다.**

프렌치 프라이드 쉬림프

French fried shrimp

짝꿍과제

이탈리안 미트 소스 30분	46p
시저 샐러드 35분	117p
해산물 스파게티 35분	112p
미네스트로니 수프 30분	68p

요구사항

❶ 새우는 꼬리쪽에서 1마디 정도 껍질을 남겨 구부러지지 않게 튀기시오.
❷ 달걀흰자를 분리하여 거품을 내어 튀김반죽에 사용하시오.
❸ 새우튀김은 4개를 제출하시오.
❹ 레몬과 파슬리를 곁들이시오.

과정 한눈에 보기

재료 세척 → 새우손질 → 머랭 → 반죽 만들기 → 새우 튀기기 → 완성

재료

새우(50~60g) 4마리 / **달걀** 1개
레몬(길이로 등분) 1/6개 / **파슬리**(잎, 줄기 포함) 1줄기

밀가루(중력분) 80g / **흰설탕** 2g / **소금**(정제염) 2g
흰후춧가루 2g / **식용유** 500ml
냅킨(흰색, 기름제거용) 2장 / **이쑤시개** 1개

만드는 법

1 파슬리는 찬물에 담가둔다.

2 새우는 이쑤시개로 등 쪽에서 내장을 제거한 후 머리를 자르고 꼬리를 1마디 남기고 껍질을 제거한다.

3 새우 꼬리의 물주머니를 제거한 후 배쪽에 어슷으로 칼집을 세 번 넣어준 후 소금, 흰후춧가루로 밑간을 한다.

잠깐! 배 쪽에 칼집을 넣고 힘줄을 끊어 줘야 새우가 구부러지지 않아요. 두둑두둑 소리가 들렸나요?

4 달걀의 흰자와 노른자를 분리한다.

물 1큰술, 노른자, 소금, 설탕을 넣어 저어준 후 체에 내린 밀가루 3큰술을 넣어 섞어준다.

튀김기름을 약한 불에 올려놓는다.

잠깐! 여기서부터 약불로 올려놓고 튀길 때 강불로 올리면 온도가 딱!

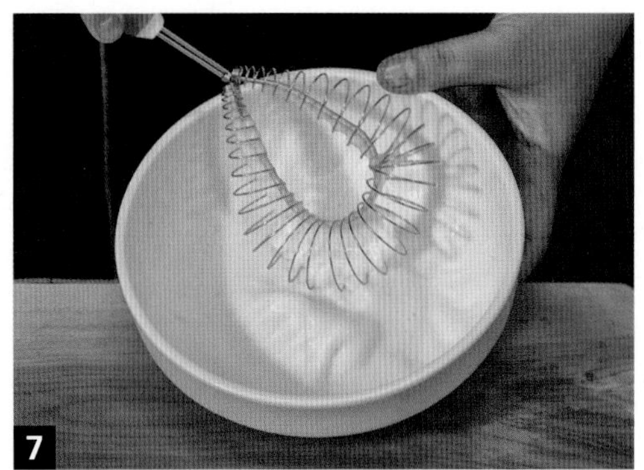

달걀흰자는 충분히 거품을 낸다.

노른자 반죽에 흰자 거품을 넣어 튀김옷을 만든다.

새우에 꼬리만 남기고 밀가루를 묻힌다.

튀김옷을 입혀 160℃에서 황금색으로 튀긴다.

잠깐! 반죽을 기름에 올려 부풀어 오르면 기름 온도 완성!

11

접시에 튀김 새우 4마리를 꼬리 쪽을 모아서 담고 꼬리 쪽 위에 파슬리, 레몬을 장식한다.

합격포인트

1_ 튀김반죽에 유의하고, 튀김의 색깔이 깨끗해야 한다.

2_ 흰자를 많이 넣으면 튀겨서 식혔을 때 튀김옷 모양이 일그러질 수 있다.

홀렌다이즈 소스

Hollandaise sauce

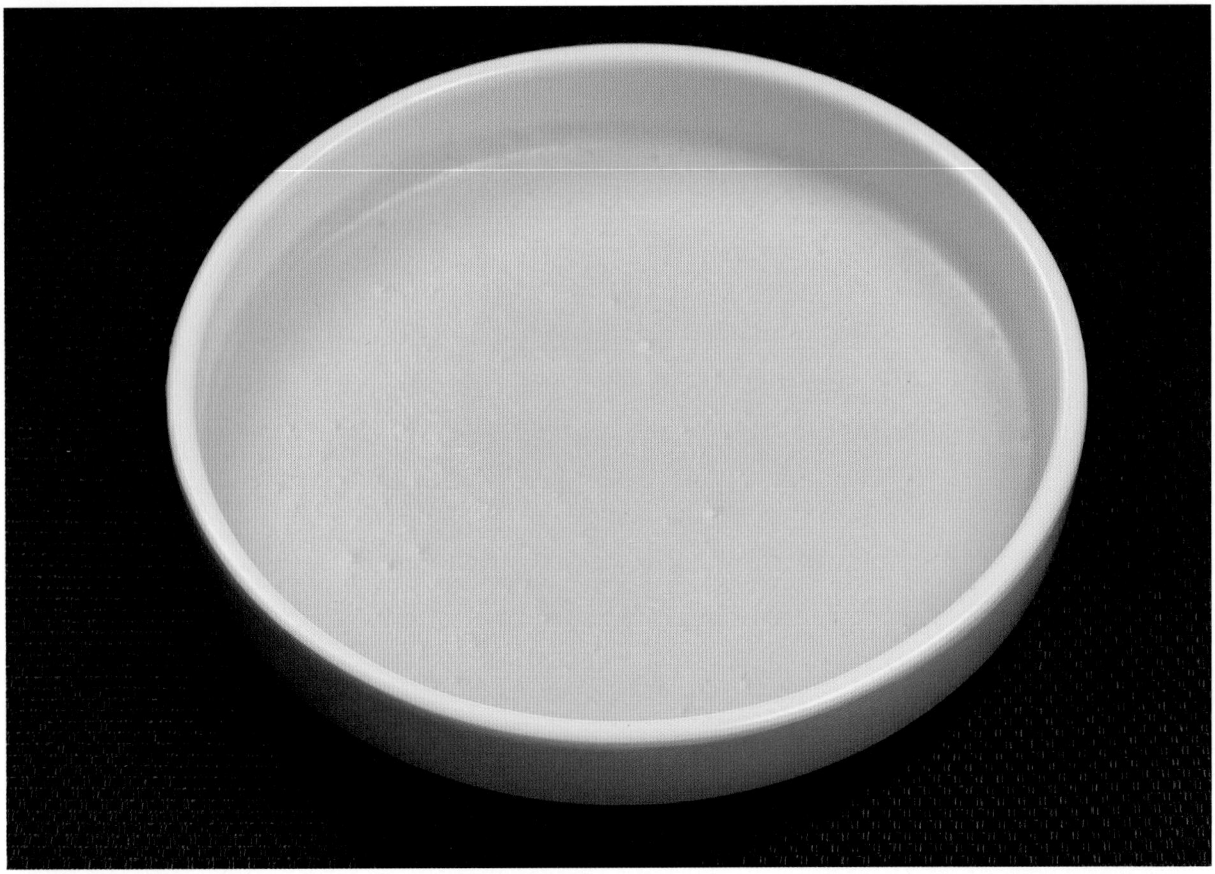

짝꿍과제

요구사항

❶ 양파, 식초를 이용하여 허브에센스(herb essence)를 만들어 사용하시오.
❷ 정제 버터를 만들어 사용하시오.
❸ 소스는 중탕으로 만들어 굳지 않게 그릇에 담아내시오.
❹ 소스는 100ml 이상 제출하시오.

과정 한눈에 보기

재료 세척 → 허브에센스 → 정제버터 → 소스 만들기 → 완성

재료

달걀 2개 / **양파**(중, 150g) 1/8개
레몬(길이로 등분) 1/4개 / **월계수잎** 1잎
파슬리(잎, 줄기 포함) 1줄기

식초 20ml / **검은통후추** 3개 / **버터**(무염) 200g
소금(정제염) 2g / **흰후춧가루** 1g

만드는 법

1 양파는 곱게 채썰고, 통후추는 칼면을 이용해서 으깬다.

2 냄비에 물 1/3컵을 넣고 양파채 + 통후추 으깬 것 + 파슬리줄기 + 월계수잎 + 식초 1큰술을 넣어 허브에센스를 끓인다.

3 2가 3큰술 남을 때까지 끓인 후 젖은 면포에 걸러낸다.

4 버터를 잘게 자른다.

5

냄비에 따뜻하게 물을 데운 후 잘게 썬 버터를 그릇에 담아 냄비에 넣어 중탕으로 가열하며 녹인다. **잠깐!** 버터 그릇에 물이 들어가지 않도록 주의하세요. 분리가 일어나요.

6

레몬은 막과 씨를 제거하고 레몬즙을 짠다.

7

달걀은 흰자와 알끈을 제거하고 노른자만 준비한다.

8

중탕한 물을 담은 냄비나 프라이팬에 젖은 면포를 깔고 그릇을 올린 뒤 노른자와 허브에센스 1큰술을 넣고 달걀의 양이 2~3배 될 때까지 한쪽 방향으로 저어준다.

잠깐! 이때 많이 저어주어 유화작용을 충분히 하면 버터를 넣어도 굳지 않아요.

허브에센스 향기가 좋은 허브를 이용하여 추출한 방향성 물질

9

8에 버터를 조금씩 떨어뜨리며 한쪽 방향으로 농도가 될 때까지 저어준다.

잠깐! 버터를 넣고는 세게 저어주지 않아도 돼요. 굳지 않도록 뜨거운 물과 밀당만 잘하시면 돼요.

10

마지막으로 레몬즙을 넣고 고루 잘 저어가며 소금, 흰후춧가루를 넣어 간을 하고 완성그릇에 담아낸다.

합격포인트

소스의 농도에 유의하고, 분리되거나 굳지 않게 한다.

이탈리안 미트 소스

Italian meat sauce

짝꿍과제

월도프 샐러드 20분	31p
햄버거 샌드위치 30분	63p
프렌치 프라이드 쉬림프 25분	38p
치킨 알라킹 30분	93p

요구사항

❶ 모든 재료는 다져서 사용하시오.
❷ 그릇에 담고 파슬리 다진 것을 뿌려내시오.
❸ 소스는 150ml 이상 제출하시오.

과정 한눈에 보기

재료 세척 → 재료 다지기 → 재료 볶기 → 소스 만들기 → 파슬리 뿌려 완성

재료

양파(중, 150g) 1/2개 / **소고기**(살코기, 갈은 것) 60g
마늘 1쪽 / **토마토**(캔, 고형물) 30g / **셀러리** 30g
월계수잎 1잎 / **파슬리**(잎, 줄기 포함) 1줄기

버터(무염) 10g / **토마토 페이스트** 30g
소금(정제염) 2g / **검은후춧가루** 2g

만드는 법

1 파슬리는 찬물에 담가둔다.

2 양파, 마늘, 셀러리는 0.2cm 크기로 다진다.

3 캔 토마토는 씨를 제거하고 다진다.

4 파슬리는 곱게 다지고 면포에 싸서 물에 헹군 후 보슬한 가루로 만든다.

5

소고기 간 것을 다시 칼로 다진 후 키친타올로 핏물을 제거한다.

6

냄비에 버터를 두르고 다진 소고기, 양파, 셀러리 순으로 볶다가 불을 줄이고 마늘, 토마토 페이스트 1큰술을 넣어 충분히 볶는다.

7

6에 물 2컵, 다진 토마토, 파슬리줄기, 월계수잎을 넣어 강불에서 끓이다 끓어오르면 중불에서 서서히 끓인다.

잠깐! 거품을 제거하면서 서서히 끓이세요.

8

소스가 걸죽해지면 파슬리줄기와 월계수잎을 건져내고 소금, 검은후춧가루로 간을 한다.

9

완성그릇에 소스를 담고 파슬리가루를 뿌린다.

합격포인트

1_ **각 재료는 곱게 다지고, 소스의 양과 농도에 유의한다.**

2_ **소스 위에 파슬리가루를 뿌린다.**

브라운 그래비 소스

Brown gravy sauce

짝꿍과제

월도프 샐러드 20분	31p
치킨 알라킹 30분	93p
치킨 커틀렛 30분	97p
미네스트로니 수프 30분	68p

요구사항

❶ 브라운 루(brown roux)를 만들어 사용하시오.
❷ 채소와 토마토 페이스트를 볶아서 사용하시오.
❸ 소스의 양은 200ml 이상 제출하시오.

과정 한눈에 보기

재료 세척 → 재료 썰기 → 루 → 채소 볶기 → 페이스트에 채소 넣기 → 루 넣어 소스 만들기 → 완성

재료

양파(중, 150g) 1/6개 / **셀러리** 20g
당근(둥근 모양이 유지되게 등분) 40g
월계수잎 1잎 / **정향** 1개

브라운 스톡(물로 대체 가능) 300ml
토마토 페이스트 30g / **밀가루**(중력분) 20g
버터(무염) 30g / **소금**(정제염) 2g / **검은후춧가루** 1g

만드는 법

1 양파, 셀러리, 당근을 일정한 굵기로 채썬다.

2 월계수잎, 정향은 양파 속대를 꽂아 부케가르니를 만든다.

부케가르니 양파에 월계수잎, 통후추, 정향, 타임, 파슬리 줄기와 같은 것을 사용하여 만든 향초다발

3 팬에 버터를 두르고 채썬 채소를 넣고 갈색이 나게 볶아 접시에 펼쳐 놓는다.

4 팬에 버터 1큰술을 넣고 녹여 밀가루를 넣고 볶아 브라운 루를 만든다.

잠깐! 토마토 페이스트와 루를 한 덩어리로 합치면 안 돼요. 루는 나중에 따로 농도를 맞출 때 사용하는 농후제에요.

농후제 소스나 수프의 농도를 조절하는 것, 소스나 수프의 완성단계에서 넣어준다.

냄비에 볶은 채소와 토마토 페이스트 1큰술을 넣고 잘 섞어 볶는다.

5에 물 2컵을 나누어 붓고 푼 후 브라운 루를 넣어 뭉근히 끓여 농도를 맞춘다.

6이 끓으면 부케가르니를 넣는다.

잠깐! 거품을 제거하는 건 필수!

충분히 끓여 농도와 색를 맞춘 뒤 부케가르니를 꺼내고 소금, 검은후춧가루로 간을 한다.

체에 걸러 1컵 이상을 완성그릇에 담아낸다.

합격포인트

1_ **체에 내린 브라운 그래비 소스의 농도가 묽을 경우 다시 냄비에 넣고 끓여 농도를 잘 맞추도록 한다.**

2_ **진한 갈색의 브라운 루를 만든다.**

3_ **소스의 농도에 유의하고, 반드시 200ml 이상 제출한다.**

해산물 샐러드

Seafood salad

짝꿍과제

BLT 샌드위치 30분	60p
치킨 커틀렛 30분	97p
월도프 샐러드 20분	31p
타르타르 소스 20분	24p

요구사항

❶ 미르포아(mirepoix), 향신료, 레몬을 이용하여 쿠르부용(court bouillon)을 만드시오.
❷ 해산물은 손질하여 쿠르부용(court bouillon)에 데쳐 사용하시오.
❸ 샐러드 채소는 깨끗이 손질하여 싱싱하게 하시오.
❹ 레몬 비네그레트는 양파, 레몬즙, 올리브오일 등을 사용하여 만드시오.

과정 한눈에 보기

재료 세척 → 쿠르부용 해산물 데치기 → 비네그레트 소스 → 해산물+채소에 소스 뿌리기 → 완성

재료

새우(30~40g) 3마리 / **피홍합**(길이 7cm 이상) 3개
관자살(개당 50~60g, 해동 지급) 1개
중합(지름 3cm, 모시조개·백합 등 대체 가능) 3개
양파(중, 150g) 1/4개 / **마늘**(중, 깐 것) 1쪽
실파(1뿌리) 20g / **그린치커리** 2줄기 / **양상추** 10g
롤라로사(꽃(적)상추 대체 가능) 2잎
레몬(길이로 등분) 1/4개 / **딜**(fresh) 2줄기
월계수잎 1잎 / **셀러리** 10g
당근(둥근 모양이 유지되게 등분) 15g
올리브오일 20ml / **식초** 10ml / **흰후춧가루** 5g
흰통후추(검은통후추 대체 가능) 3개 / **소금**(정제염) 5g

만드는 법

1 양상추, 그린치커리, 롤라로사는 찬물에 담가 싱싱하게 한다.

2 새우, 관자, 피홍합, 중합은 소금물에 씻고, 피홍합과 중합은 그대로 소금물에 담가 해감한다.

3 양파는 일부 채썰고, 나머지는 곱게 다진다.

잠깐! 양파는 ① 미르포아 ② 레몬 비네그레트 2군데에 들어가요.

4 당근, 셀러리는 굵게 채썬다.

5

레몬은 반을 잘라 하나는 즙을 짜고, 나머지는 그대로 보관한다.

쿠르부용 식초나 레몬즙에 여러 향신료와 채소, 물 등을 넣고 끓인 국물로 잡냄새 제거에 이용

6

냄비에 물 2컵을 붓고 쿠르부용(채썬 채소, 마늘, 실파, 월계수잎 1장, 통후추 3알, 레몬)을 넣고 끓인다.

7

관자는 막을 제거한 다음 모양을 살려 3쪽 썰고, 새우는 내장을 제거한다.

8

냄비의 물이 끓으면 관자(3쪽), 새우, 중합, 피홍합 순으로 삶는다.

9

다진 양파는 물기를 제거하고 올리브오일, 레몬즙 1작은술, 식초 2작은술, 소금, 흰후춧가루를 넣고 레몬 비네그레트 드레싱을 만든다.

비네그레트 오일에 식초나 레몬즙 등을 섞어 만든 소스

10

물에 담가둔 채소들을 꺼내 물기를 제거하고 한 입 크기로 뜯는다.

완성접시에 10의 채소를 담고 해산물을 보기 좋게 담아 레몬 비네그레트를 뿌리고 딜로 장식한다.

잠깐! 딜은 어디에 넣으라는 요구사항이 없어요. 장식용으로 사용하거나 레몬 비네그레트에 다져 넣어도 무방해요.

합격포인트

1_ **주재료인 해산물 손질을 정확하게 하고, 해산물의 익는 정도가 다르므로 특징을 살려 익히도록 한다.**

2_ **해산물과 채소를 조화롭게 담고, 레몬 비네그레트를 곁들인다.**

포테이토 샐러드

Potato salad

짝꿍과제

프렌치 어니언 수프 30분	76p
이탈리안 미트 소스 30분	46p
햄버거 샌드위치 30분	63p
피시 차우더 수프 30분	72p

요구사항

❶ 감자는 껍질을 벗긴 후 1cm의 정육면체로 썰어서 삶으시오.

❷ 양파는 곱게 다져 매운맛을 제거하시오.

❸ 파슬리는 다져서 사용하시오.

과정 한눈에 보기

재료 세척 → 감자 썰어 삶기 → 파슬리, 양파 다지기 → 버무리기 → 완성

재료

감자(150g) 1개 / **양파**(중, 150g) 1/6개
파슬리(잎, 줄기 포함) 1줄기

소금(정제염) 5g / **흰후춧가루** 1g / **마요네즈** 50g

만드는 법

1 냄비에 물을 올린다.

2 파슬리는 찬물에 담가둔다.

3 감자는 껍질을 벗기고 1cm 정육면체로 잘라 물에 담가둔다.

4 물이 끓으면 소금을 넣고 **3**의 감자를 삶는다.

잠깐! 감자를 잘 익히되 부서지지 않게 하는 것이 포인트! 이쑤시개를 준비해 찔러봐요.

5

익은 감자는 체에 받쳐 물기를 제거한다.

잠깐! 삶은 감자는 절대로 찬물에 씻지 마세요. 감자는 찬물에 헹구면 물기가 많아져 마요네즈가 겉돌아요.

6

양파는 다진 후 소금에 절여 매운맛을 제거한다.

7

파슬리는 곱게 다지고 면포에 싸서 물에 헹군 후 보슬한 가루로 만든다.

8

그릇에 감자, 수분을 제거한 양파를 넣고 마요네즈로 버무린 후 소금, 흰후춧가루, 파슬리를 넣고 버무린다.

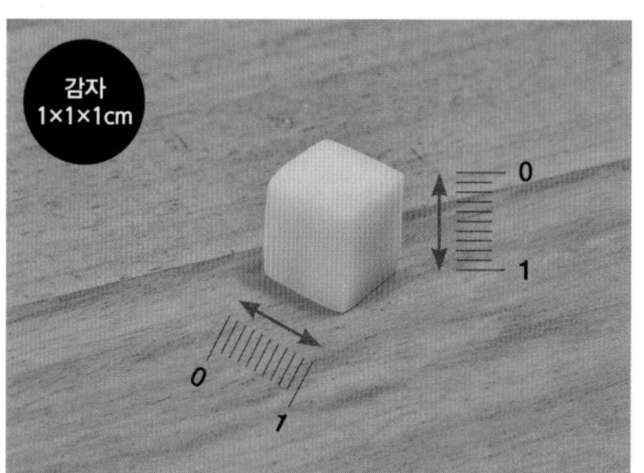

완성그릇에 포테이토 샐러드를 담는다.

잠깐! 파슬리가루는 모두 버무리거나 일부 남겨 샐러드 위쪽에 약간 뿌려줘도 돼요.

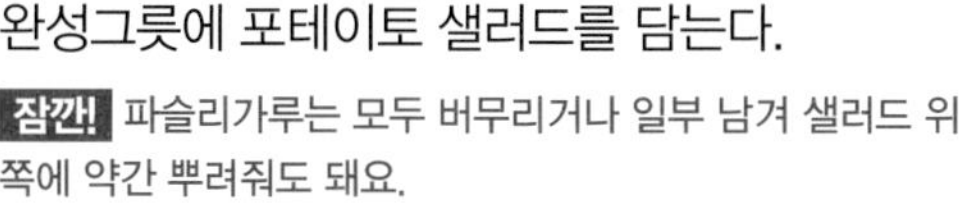

합격포인트

1_ 양상추, 상추**는 지급재료가 아니니** 절대 샐러드 밑에 깔지 않는다.

2_ 감자를 적절하게 익히고, 양파는 매운맛을 제거**해야 한다.**

3_ 감자는 식혀서 내기 직전에 마요네즈에 버무려야 **완성품의 상태가 좋다.**

베이컨, 레터스, 토마토 샌드위치

BLT 샌드위치 ; Bacon, lettuce, tomato sandwich

짝꿍과제

타르타르 소스 20분	24p
해산물 샐러드 30분	52p
치킨 알라킹 30분	93p
쉬림프 카나페 30분	86p

요구사항

❶ 빵은 구워서 사용하시오.
❷ 토마토는 0.5cm 두께로 썰고, 베이컨은 구워서 사용하시오.
❸ 완성품은 4조각으로 썰어 전량을 제출하시오.

과정 한눈에 보기

재료 세척 → 식빵 굽기 → 베이컨 굽기 → 토마토 자르기 → 샌드위치 만들어서 썰기 → 완성

재료

식빵(샌드위치용) 3조각
양상추(2잎, 잎상추로 대체 가능) 20g
토마토(중, 150g) 1/2개
베이컨(길이 25~30cm) 2조각

마요네즈 30g / **소금**(정제염) 3g / **검은후춧가루** 1g

만드는 법

1 양상추는 찬물에 담가둔다.

2 토마토는 0.5cm 두께로 동그랗게 썬다.

잠깐! 키친타올 위에 토마토를 올려놓고 하세요. 씨 부분의 수분도 깔끔하게 정리할 수 있어요.

3 마른 팬에서 식빵 3장을 앞뒤로 약불에서 바삭하게 구워 식힌다.

4 마른 팬에서 베이컨을 살짝 구워 키친타올에 올려 기름을 제거한다.

5
빵 1장은 앞뒤로 마요네즈, 2장은 한 면만 마요네즈를 바른다.

6
한 면만 마요네즈 빵 + 양상추 + 베이컨(소금, 후추) + 앞뒤로 마요네즈빵 + 양상추 + 토마토(소금, 후추) + 한 면 마요네즈빵을 덮는다.

7
마른 면포로 샌드위치를 싸서 접시로 눌러 놓는다.

8
칼로 샌드위치의 가장자리를 정리하고 4등분한다.

잠깐! 이쑤시개를 이용해서 고정해 자르면 속재료들이 흐트러지지 않고 깔끔하게 자를 수 있어요.

9
완성접시에 보기 좋게 담아낸다.

합격포인트

1. **썰린 면이 깔끔해야 하고, 속재료가 빠져나오지 않게 한다.**
2. **마요네즈를 많이 바르면 밀리고 지저분해 보일 수 있다.**
3. **빵은 약불에서 바삭하게 구워 수분을 최대한 제거해야 썰 때 눌리지 않는다.**

햄버거 샌드위치

Hamburger sandwich

짝꿍과제

월도프 샐러드 20분	31p
이탈리안 미트 소스 30분	46p
쉬림프 카나페 30분	86p
포테이토 샐러드 30분	56p

요구사항

❶ 빵은 버터를 발라 구워서 사용하시오.
❷ 고기에 사용되는 양파, 셀러리는 다진 후 볶아서 사용하시오.
❸ 고기는 미디움웰던(medium wellden)으로 굽고, 구워진 고기의 두께는 1cm로 하시오.
❹ 토마토, 양파는 0.5cm 두께로 썰고 양상추는 빵 크기에 맞추시오.
❺ 샌드위치는 반으로 잘라 내시오.

과정 한눈에 보기

재료 세척 → 양파, 토마토 자르기 → 빵 굽기 → 패티 완성 → 햄버거 만들어 썰기 → 완성

재료

소고기(살코기, 방심) 100g / **양파**(중, 150g) 1개
빵가루(마른 것) 30g / **셀러리** 30g / **양상추** 20g
토마토(중, 150g 정도, 둥근 모양이 되도록 잘라서 지급) 1/2개
햄버거 빵 1개 / **달걀** 1개

버터(무염) 15g / **소금**(정제염) 3g / **검은후춧가루** 1g
식용유 20ml

만드는 법

1 양상추는 찬물에 담가둔다.

2 양파는 0.5cm 두께로 동그랗게 썬다.

잠깐! 양파는 ① 링 모양 ② 패티 재료 2군데 들어가요. 구분하세요.

3 **2**를 썰고 남은 양파, 셀러리는 곱게 다진다.

4 토마토는 0.5cm 두께로 동그랗게 썰어 소금, 후추를 약간 뿌린다.

잠깐! 키친타올 위에 토마토를 올려놓고 하세요. 씨 부분의 수분도 깔끔하게 정리할 수 있어요.

5 소고기는 핏물을 제거하고 곱게 다진다.

6 햄버거 빵은 버터를 발라 달궈진 팬에 돌려가며 굽고 젓가락 위에 펼쳐 식힌다.

7 마른 팬에 다진 양파, 셀러리 순으로 수분없이 볶아 접시에 펼쳐 식힌다.

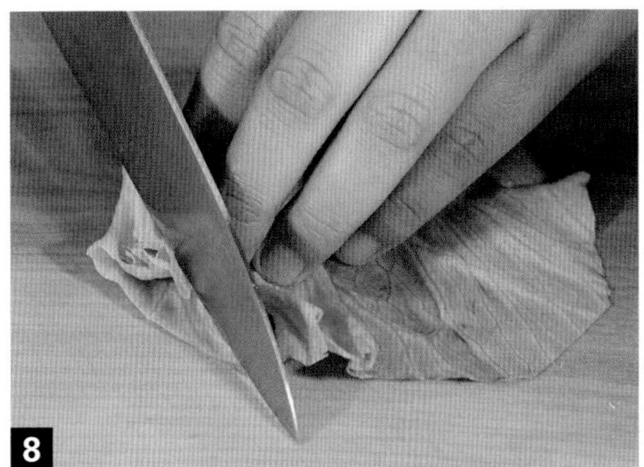

8 양상추는 물기를 제거하고 동그랗게 빵 크기로 썬다.

9 달걀물 1큰술에 빵가루 2~3큰술을 섞어 빵가루를 불린다.

잠깐! 너무 건조된 빵가루는 달걀물에 불려 사용하면 패티가 찰져 모양 만들기가 쉬워요.

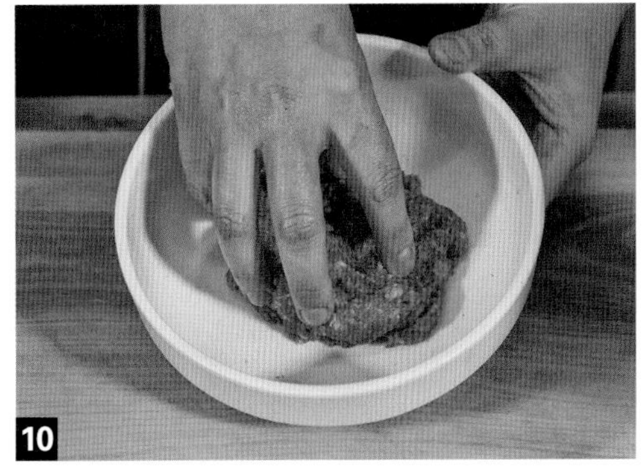

10 다진 소고기에 볶은 양파, 볶은 셀러리, 불린 빵가루를 넣고 소금, 검은후춧가루를 섞어 치댄다.

11

패티는 빵보다 1cm 크게, 두께는 0.8cm로 동그랗게 모양을 빚고 가장자리에 각을 세워 만든다.

12

팬에 식용유를 두르고 약한 불에서 패티가 미디움웰던이 될 때까지 익힌다.

잠깐! 한 면당 1분~1분 20초씩 익히세요. 굽는 시간이 총 2분이 넘지 않도록 하세요.

13

빵 → 양상추 → 패티 → 토마토 → 양파 → 빵 순서로 올려 햄버거를 만든다.

14

햄버거는 절반을 잘라 앞쪽을 약간 벌려 완성접시에 담는다.

합격포인트

1_ 고기는 곱게 다지고 반죽의 농도를 잘 맞춘다.
2_ 고기 패티는 햄버거 빵의 크기와 같거나 조금 작게 만들고, 미디움웰던으로 익힌다.
3_ 칼에 힘을 주지 않고 톱질하듯이 썰어 썰어진 단면이 매끈해야 하며, 속재료가 빠져나오지 않아야 한다.

미네스트로니 수프

Minestrone soup

짝꿍과제

치즈 오믈렛 20분	35p
월도프 샐러드 20분	31p
BLT 샌드위치 30분	60p
해산물 샐러드 30분	52p

요구사항

❶ 채소는 사방 1.2cm, 두께 0.2cm로 써시오.
❷ 스트링빈스, 스파게티는 1.2cm의 길이로 써시오.
❸ 국물과 고형물의 비율을 3:1로 하시오.
❹ 전체 수프의 양은 200ml 이상으로 하고 파슬리가루를 뿌려내시오.

과정 한눈에 보기

재료 세척 → 콩카세 → 스파게티 삶기 → 재료 썰어 볶기 → 수프 끓이기 → 완성

재료

양파(중, 150g) 1/4개 / **셀러리** 30g
당근(둥근 모양이 유지되게 등분) 40g / **무** 10g
양배추 40g / **스트링빈스**(냉동, 채두 대체 가능) 2줄기
마늘(중, 깐 것) 1쪽 / **완두콩** 5알 / **토마토**(중, 150g) 1/8개 / **스파게티** 2가닥 / **파슬리**(잎, 줄기 포함) 1줄기
베이컨(길이 25~30cm) 1/2조각 / **월계수잎** 1잎
정향 1개

토마토 페이스트 15g / **버터**(무염) 5g / **소금**(정제염) 2g
검은후춧가루 2g / **치킨 스톡**(물로 대체 가능) 200ml

만드는 법

1 냄비에 물을 올린다.

2 물이 끓으면 스파게티면은 삶고, 베이컨은 데쳐 기름을 제거한다.

3 월계수잎, 정향은 양파 속대에 꽂아 부케가르니를 만든다.

부케가르니 양파에 월계수잎, 통후추, 정향, 타임, 파슬리 줄기와 같은 것을 사용하여 만든 향초다발

4 무, 양파, 양배추, 셀러리, 당근, 베이컨은 1.2×1.2×0.2cm로 썬다.

5

마늘은 다진다.

6

스파게티면, 껍질콩(스프링빈스)은 1.2cm 길이로 썬다.

7

파슬리는 곱게 다지고 면포로 싸서 물에 헹군 후 보슬한 가루로 만든다.

8

토마토를 데쳐 껍질과 씨를 제거한 후 굵게 다진다.

9

냄비에 버터를 두르고 양파, 무, 셀러리, 양배추, 당근, 마늘 순으로 볶다가 토마토 페이스트 1큰술을 넣고 약불에서 신맛이 날아갈 때까지 볶는다.

10

9에 물 1.5컵을 넣고 강불에서 끓으면 중불로 줄이고 토마토 다진 것, 베이컨, 부케가르니를 넣는다.

잠깐! 끓이는 중간 거품과 기름 제거는 필수!

11 냄비의 재료가 익으면 완두콩, 스파게티, 껍질콩을 넣는다.

12 냄비에서 부케가르니를 건지고 소금, 검은후춧가루로 간한다.

13 비율을 맞춰 완성그릇에 담고 파슬리를 중앙에 뿌린다.

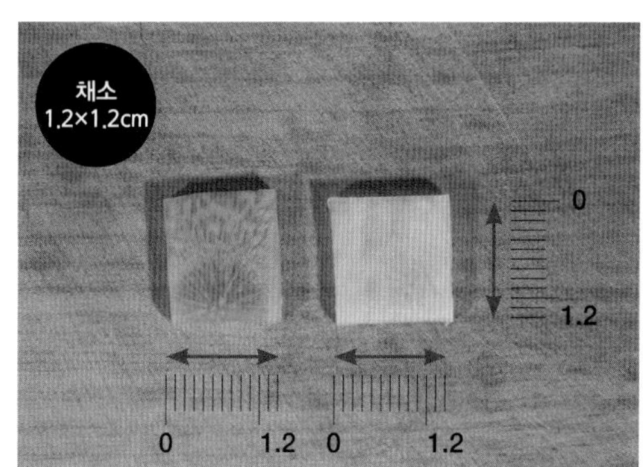

합격포인트

1_ **재료는 일정한 크기로 썰고 익는 순서를 고려한다.**

2_ **국물과 고형물의 비율은 3:1이 되도록 한다.**

피시 차우더 수프

Fish chowder soup

짝꿍과제

치즈 오믈렛 20분	35p
스페니쉬 오믈렛 30분	90p
포테이토 샐러드 30분	56p
햄버거 샌드위치 30분	63p

요구사항

❶ 차우더 수프는 화이트 루(roux)를 이용하여 농도를 맞추시오.

❷ 채소는 0.7cm × 0.7cm × 0.1cm, 생선은 1cm × 1cm × 1cm 크기로 써시오.

❸ 대구살을 이용하여 생선 스톡을 만들어 사용하시오.

❹ 수프는 200ml 이상 제출하시오.

과정 한눈에 보기

재료 세척 → 피시 스톡 → 재료 썰기 → 화이트 루 만들기 → 수프 끓이기 → 완성

재료

대구살(해동 지급) 50g / **감자**(150g) 1/4개
베이컨(길이 25~30cm) 1/2조각
양파(중, 150g) 1/6개 / **셀러리** 30g / **정향** 1개
월계수잎 1잎

버터(무염) 20g / **밀가루**(중력분) 15g / **우유** 200ml
소금(정제염) 2g / **흰후춧가루** 2g

만드는 법

1 냄비에 물을 1컵 올린다.

2 생선살은 1×1×1cm 주사위 모양으로 썬다.

3 냄비에 물이 끓으면 생선살을 넣고 끓인 후 면보에 걸러 생선살과 피시 스톡을 각각 준비한다.

잠깐! 생선살을 데친 물이 피시 스톡이니 버리지 마세요.

4 감자는 0.7×0.7×0.1cm로 썰어 찬물에 담가둔다.

5

양파, 셀러리, 베이컨은 0.7×0.7×0.1cm로 썬다.

6

월계수잎, 정향은 양파 속대를 꽂아 부케가르니를 만든다.

부케가르니 양파에 월계수잎, 통후추, 정향, 타임, 파슬리 줄기와 같은 것을 사용하여 만든 향초다발

7

팬에 버터를 두르고 베이컨 → 양파 → 셀러리 → 감자 순으로 넣고 살짝 볶아 접시에 놓는다.

잠깐! 채소는 색이나지 않게 볶으세요.

8

냄비에 버터와 밀가루를 넣고 약불에서 화이트 루를 만든 후 피시 스톡 1컵을 조금씩 넣어가며 풀어준다.

잠깐! 스톡은 조금씩 넣어 잘 풀어주세요.

9

8에 농도를 봐가며 우유를 넣는다.

10

냄비에 볶은 재료(양파, 감자, 셀러리, 베이컨, 생선살)와 부케가르니를 넣고 소금, 흰후춧가루로 간을 한다.

부케가르니를 건져내고 완성그릇에 200ml 이상 담아낸다.

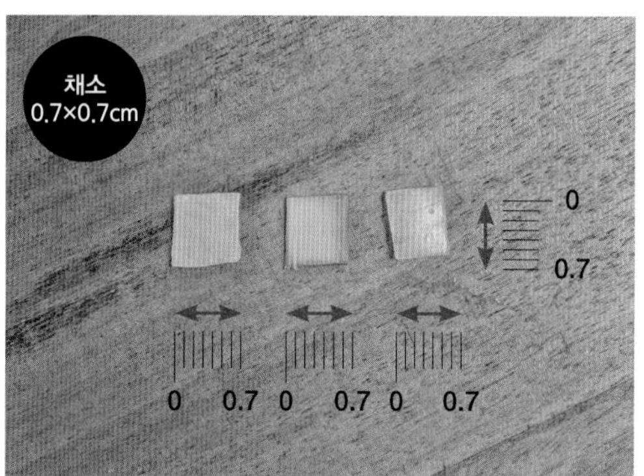

합격포인트

1_ **수프가 흰색을 띠고 농도가 알맞도록 주의한다.**

2_ **익은 생선살은 완성 직전에 넣어야 부서지지 않는다.**

프렌치 어니언 수프

French onion soup

짝꿍과제

포테이토 샐러드 30분	56p
치킨 커틀렛 30분	97p
서로인 스테이크 30분	108p
치즈 오믈렛 20분	35p

요구사항

❶ 양파는 5cm 크기의 길이로 일정하게 써시오.
❷ 바게트빵에 마늘버터를 발라 구워서 따로 담아내시오.
❸ 수프의 양은 200ml 이상 제출하시오.

과정 한눈에 보기

재료 세척 → 마늘버터바게트 만들기 → 양파 썰어 카라멜라이징 → 수프 끓이기 → 완성

재료

양파(중, 150g) 1개 / **바게트빵** 1조각
마늘(중, 깐 것) 1쪽 / **파슬리**(잎, 줄기 포함) 1줄기

버터(무염) 20g
맑은 스톡(비프스톡 또는 콘소메, 물로 대체 가능) 270ml
소금(정제염) 2g / **검은후춧가루** 1g
파마산치즈가루 10g / **백포도주** 15ml

만드는 법

1 양파는 5cm 길이로 가늘게 채썬다.

2 마늘은 곱게 다진다.

3 파슬리는 곱게 다지고 면포에 싸서 물에 헹군 후 보슬한 가루로 만든다.

4 다진 마늘 + 버터 1큰술 + 파슬리 + 파마산치즈를 섞어 바게트빵 한쪽 면에 발라 노릇하게 굽는다.

잠깐! 마늘빵은 기름 두르지 않은 팬에 토스트해요.

냄비에 버터를 두르고 양파를 갈색나게 볶다가 백포도주 1큰술과 물 1큰술씩 여러 번 나눠 타지 않게 볶는다.

양파의 색이 나면 물 2컵을 넣고 센불로 끓이다 끓으면 불을 줄이고 거품을 제거한다.

6에 소금, 검은후춧가루를 넣고 완성그릇에 1컵 정도 담고 바게트빵과 함께 제출한다.

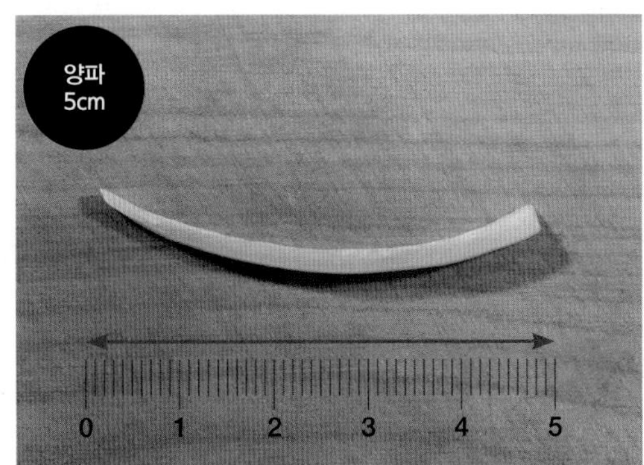

합격포인트

1_ 양파는 일정한 굵기로 채**썬다.**

2_ **볶을 때 물을 많이 넣으면 탁해질 수 있으므로** 물을 조금씩 넣는다.

3_ **수프는** 색이 맑고 농도가 탁하지 않아야 하며, 200ml 이상**을 제출한다.**

포테이토 크림 수프

Potato cream soup

짝꿍과제

프렌치 어니언 수프 30분	76p
사우전 아일랜드 드레싱 20분	28p
프렌치 프라이드 쉬림프 25분	38p
스페니쉬 오믈렛 30분	90p

요구사항

❶ 크루톤(crouton)의 크기는 사방 0.8cm~1cm로 만들어 버터에 볶아 수프에 띄우시오.

❷ 익힌 감자는 체에 내려 사용하시오.

❸ 수프의 색과 농도에 유의하고 200ml 이상 제출하시오.

과정 한눈에 보기

재료 세척 → 재료 썰기 → 크루톤 만들기 → 재료 익혀 체에 내리기 → 수프 끓이기 → 완성

재료

감자(200g) 1개 / **대파**(흰부분, 10cm) 1토막
양파(중, 150g) 1/4개 / **식빵**(샌드위치 용) 1조각
월계수잎 1잎

버터(무염) 15g / **치킨 스톡**(물로 대체 가능) 270ml
생크림(동물성) 20ml / **소금**(정제염) 2g
흰후춧가루 1g

만드는 법

1 감자는 얇게 편 썰어 찬물에 담가둔다.

잠깐! 감자는 찬물에 담가 전분기를 제거해 주어야 냄비에 눌러 붙지 않고 색이 나지 않게 볶을 수 있어요.

2 양파와 대파는 얇게 채썬다.

잠깐! 대파는 속대를 제거하고 흰 부분만 곱게 채 써세요.

3 식빵은 사방 1cm 주사위 모양으로 썰고 버터 두른 팬에서 약불로 연한 갈색이 나도록 볶아 크루톤을 만든다.

크루톤 작은 조각의 빵을 토스트 또는 튀겨서 수프에 넣거나 또는 가니쉬로 사용하는 것

4 냄비에 버터를 두르고 대파, 양파를 살짝 볶은 뒤 물기를 제거한 감자를 볶는다.

감자가 투명해지면 물 2컵을 넣고 월계수잎을 넣은 후 뚜껑을 덮고 끓기 시작하면 중불로 낮춰 푹 익힌다.

감자가 익으면 월계수잎을 건져내고 고운 체에 내린다.

잠깐! 익힌 감자를 수저로 내릴 경우 색이 변하므로 나무주걱을 이용하세요.

6을 냄비에 담고 생크림 1큰술을 넣어 살짝 끓인 후 소금, 후춧가루로 간을 한다.

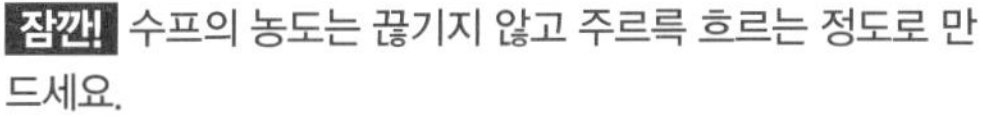

잠깐! 수프의 농도는 끓기지 않고 주르륵 흐르는 정도로 만드세요.

완성그릇에 수프를 200ml 이상 담고 크루톤을 올려 완성한다.

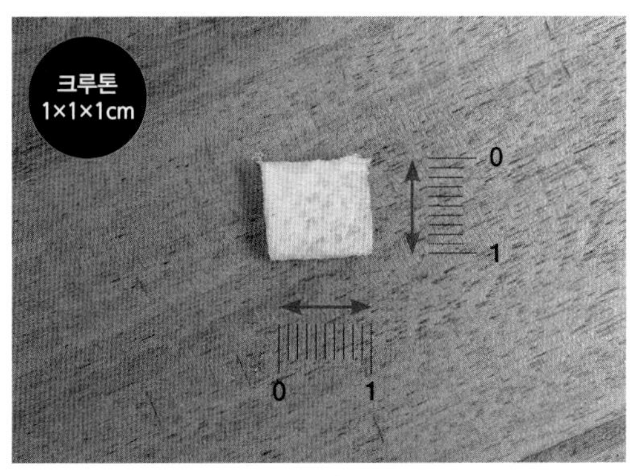

합격포인트

1. **수프의 농도에 주의한다.**
2. **감자는 전분을 제거하고 투명하게 볶는다.**
3. **각각의 재료를 충분히 익혀 체에 곱게 내린다.**

브라운 스톡

Brown stock

짝꿍과제

치킨 커틀렛 30분	97p
프렌치 프라이드 쉬림프 25분	38p
서로인 스테이크 30분	108p
살리스버리 스테이크 40분	132p

요구사항

❶ 스톡은 맑고 갈색이 되도록 하시오.
❷ 소뼈는 찬물에 담가 핏물을 제거한 후 구워서 사용하시오.
❸ 당근, 양파, 셀러리는 얇게 썬 후 볶아서 사용하시오.
❹ 향신료로 사세 데피스(sachet d'epice)를 만들어 사용하시오.
❺ 완성된 스톡은 200ml 이상 제출하시오.

과정 한눈에 보기

재료 세척 → 미르포아 → 콩카세 → 사세데피스 → 뼈 굽기 → 채소볶기(갈색나게) → 스톡 끓이기 → 완성

재료

소뼈(2~3cm, 자른 것) 150g / **양파**(중, 150g) 1/2개
당근(둥근 모양이 유지되게 등분) 40g / **셀러리** 30g
토마토(중, 150g) 1개 / **파슬리**(잎, 줄기 포함) 1줄기
월계수잎 1잎 / **정향** 1개 / **다임**(2g 정도, fresh) 1줄기

검은통후추 4개 / **식용유** 50ml / **버터**(무염) 5g
면실 30cm / **다시백**(10cm×12cm) 1개

만드는 법

1 냄비에 물을 올린다(토마토 콩카세용).

잠깐! 소뼈 데칠 물이 아니에요. 소뼈를 데치면 NO!

콩카세 토마토를 껍질 벗겨 다지는 썰기 방법

2 소뼈는 찬물에 담가 핏물을 뺀 후 물기를 제거한다.

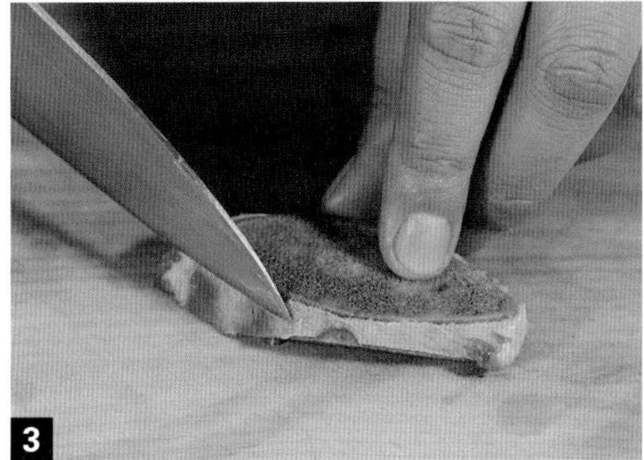

3 소뼈의 속과 겉의 지저분한 기름덩어리와 막을 칼로 긁어 제거한다.

4 양파, 당근, 셀러리는 균일하게 채썬다.

5

토마토는 열십자 칼집을 넣어 끓는 물에 데쳐 껍질, 씨 제거 후 굵게 다진다.

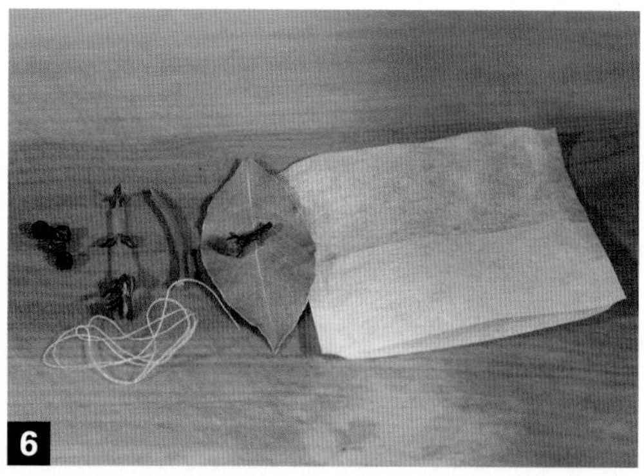

6

파슬리줄기, 월계수잎, 통후추, 정향, 다임을 다시백에 담고 실로 묶어 사세 데피스를 만든다.

사세 데피스 향신료 주머니, 한식의 다시팩

7

팬에 식용유를 두르고 소뼈를 갈색이 나도록 굽는다.

8

팬에 버터를 두르고, 양파 → 당근 → 셀러리 순으로 갈색이 나게 볶다가 토마토를 넣어 볶는다.

9

냄비에 8를 넣고 물을 2.5컵 붓고 끓으면 색깔을 낸 소뼈와 사세 데피스를 넣고 끓인다.

잠깐! 약불에서 스톡을 끓여야 탁하지 않아요.

10

색이 우러나면 면포에 걸러 브라운 스톡을 1컵 이상 담아낸다.

스톡 우리말로 육수

합격포인트

1_ **소뼈는 핏물을 제거하고 끓는 물에 데치지 않는다.**
2_ **스톡은 탁하지 않고 맑아야 하며, 진한 갈색으로 끓여내야 한다.**
3_ **스톡은 200ml 이상 담아낸다.**
4_ **소뼈의 기름을 깨끗하게 제거해야 스톡이 깨끗하게 나온다.**

쉬림프 카나페

Shrimp canape

짝꿍과제

타르타르 소스 20분	24p
홀렌다이즈 소스 25분	42p
프렌치 프라이드 쉬림프 25분	38p
치즈 오믈렛 20분	35p

요구사항

❶ 새우는 내장을 제거한 후 미르포아(mirepoix)를 넣고 삶아서 껍질을 제거하시오.

❷ 달걀은 완숙으로 삶아 사용하시오.

❸ 식빵은 지름 4cm의 원형으로 하고, 쉬림프 카나페는 4개 제출하시오.

과정 한눈에 보기

재료 세척 → 달걀 삶기(13~15분) → 미르포아 넣은 물에 새우 삶기 → 식빵 굽기 → 재료 삶기 → 완성

재료

새우(30~40g) 4마리
식빵(샌드위치 용, 제조일로부터 하루 경과한 것) 1조각
달걀 1개 / **파슬리**(잎, 줄기 포함) 1줄기
당근(둥근 모양이 유지되게 등분) 15g / **셀러리** 15g
양파(중, 150g) 1/8개 / **레몬**(길이로 등분) 1/8개

토마토케첩 10g / **소금**(정제염) 5g / **흰후춧가루** 2g
버터(무염) 30g / **이쑤시개** 1개

만드는 법

1 냄비에 물을 올린다.

2 파슬리는 찬물에 담가둔다.

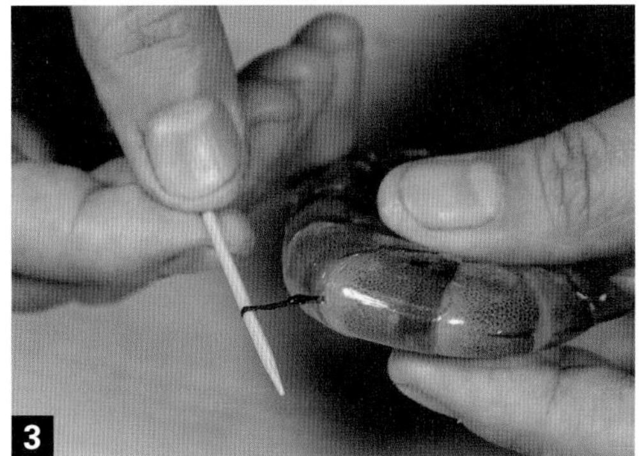

3 새우는 이쑤시개를 이용해 내장을 제거한다.

4 양파, 셀러리, 당근을 채썬다.

냄비에 물이 끓으면 미르포아(양파채, 당근채, 셀러리채, 레몬, 파슬리줄기)를 넣고 새우 4마리를 머리째 넣고 삶아 식힌다.

냄비에 달걀, 찬물, 소금을 넣고 완숙으로 삶아 찬물에 담가 식힌다.

잠깐! 달걀은 물이 끓기 시작하면 중불에서 12~15분 익히세요.

장식용 파슬리를 뜯어놓는다.

식빵을 지름 4cm 원형으로 재단한다.

식힌 새우의 껍질은 벗겨 등쪽에 칼집을 넣는다.

잠깐! 식지 않은 상태로 새우의 껍질을 벗기면 살이 너덜너덜해져요.

식빵은 마른 팬에 앞, 뒤로 노릇하게 굽는다.

11
구운 빵의 한쪽 면에만 버터를 바른다.

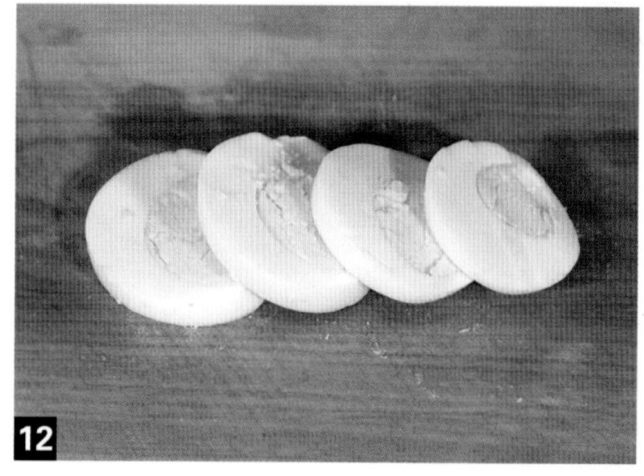

12
삶은 달걀은 껍질을 벗기고 0.5cm 두께로 부서지지 않게 4개 썰어 준비한다.

13
버터 바른 식빵 위에 삶은 달걀 → 새우 → 케첩+흰후춧가루 → 파슬리 순으로 올린다.

14
완성접시에 일정한 모양으로 4개를 보기 좋게 담아낸다.

합격포인트

1_ **마른 팬에서 식빵을 토스트 한다.**
2_ **새우는 내장을 제거한 후 미르포아에 넣어 삶는다.**
3_ **달걀은 노른자가 가운데 위치하도록 완숙으로 삶는다.**

스페니쉬 오믈렛

Spanish omelet

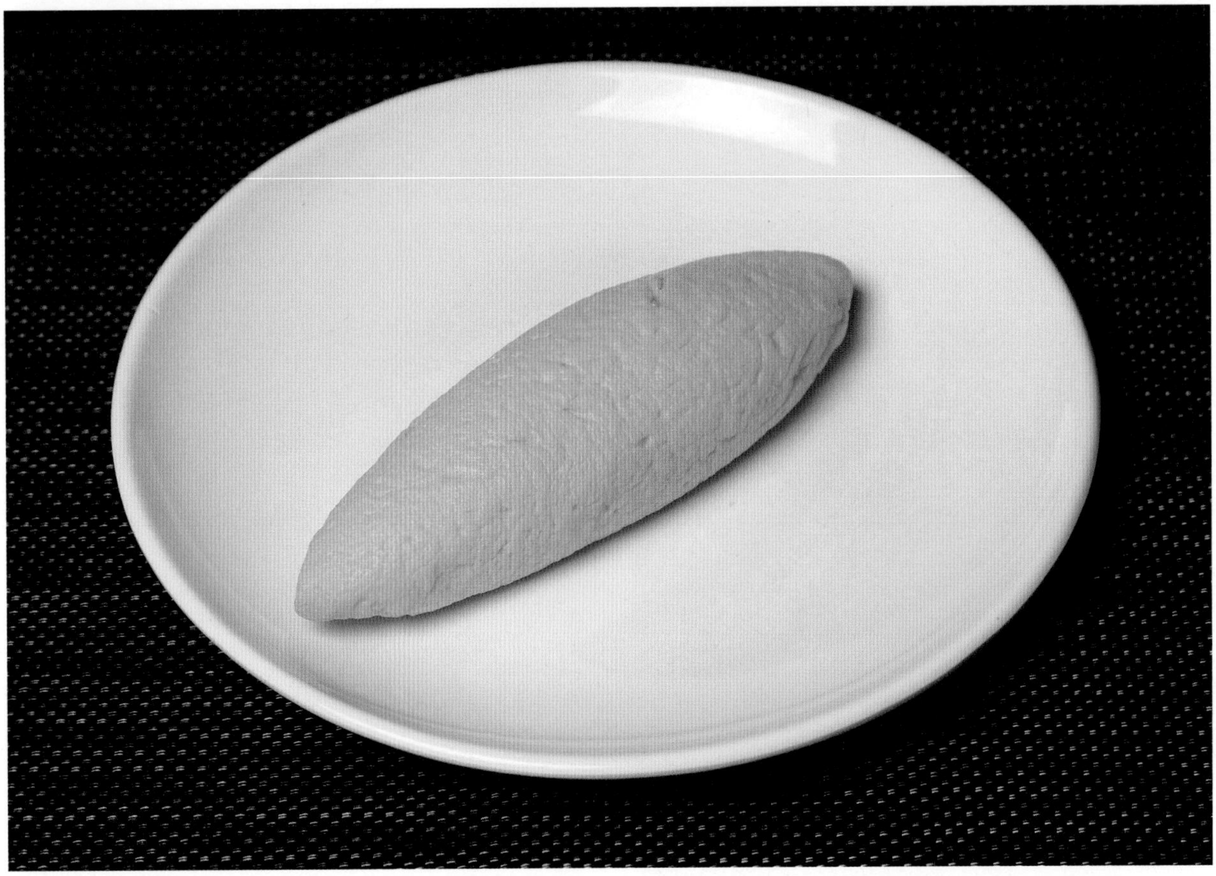

짝꿍과제

요구사항

❶ 토마토, 양파, 청피망, 양송이, 베이컨은 0.5cm의 크기로 썰어 오믈렛 소를 만드시오.

❷ 소가 흘러나오지 않도록 하시오.

❸ 소를 넣어 나무젓가락과 팬을 이용하여 타원형으로 만드시오.

과정 한눈에 보기

재료 세척 → 콩카세 → 재료 썰기 → 소 만들기 → 달걀물 만들기 → 소 넣어 오믈렛 만들기

재료

토마토(중, 150g) 1/4개 / **양파**(중, 150g) 1/6개
청피망(중, 75g) 1/6개 / **양송이** 10g
베이컨(길이 25~30cm) 1/2조각 / **달걀** 3개

버터(무염) 20g / **생크림**(동물성) 20ml
토마토케첩 20g / **검은후춧가루** 2g / **소금**(정제염) 5g
식용유 20ml

만드는 법

1 양파, 청피망, 베이컨, 양송이는 사방 0.5cm 크기로 썬다.

2 토마토는 껍질과 씨를 제거한 후 0.5cm 크기로 썬다.

3 팬에 버터를 두르고 베이컨 → 양파 → 양송이 → 청피망 → 토마토 순으로 볶다가 토마토케첩 1큰술을 넣고 소금, 검은후춧가루로 간을 한다.

잠깐! 오믈렛 속의 수분이 많으면 오믈렛을 만들 때 속이 밖으로 밀려나오므로 수분이 없도록 볶아주세요.

4 달걀 3개를 잘 풀어 소금을 넣고 체에 내린다.

5
체에 내린 달걀에 생크림을 1큰술 넣는다.

6
오믈렛 팬에 식용유와 버터를 넣고 달군다.

7
달군 오믈렛 팬에 달걀을 넣어 젓가락으로 스크램블 에그를 만든다.

스크램블 마구 저어서 거품을 일게 하거나 볶는 등의 조작을 이르는 말

8
달걀이 반 정도 익으면 3을 1큰술 넣고 양 끝을 타원형으로 접어 오믈렛 모양을 잡는다.

잠깐! 오믈렛 속을 많이 넣으면 밖으로 밀리거나 터져요. 1큰술만 넣으세요.

9
완성접시에 보기 좋게 담는다.

합격포인트

1. **오믈렛은 표면이 매끄러운 타원형으로 만든다.**
2. **속이 터지거나 새지 않도록 한다.**

치킨 알라킹

Chicken a'la king

짝꿍과제

월도프 샐러드 20분	31p
BLT 샌드위치 30분	60p
프렌치 프라이드 쉬림프 25분	38p
사우전 아일랜드 드레싱 20분	28p

요구사항

❶ 완성된 닭고기와 채소, 버섯의 크기는 1.8cm × 1.8cm로 균일하게 하시오.

❷ 닭뼈를 이용하여 치킨 육수를 만들어 사용하시오.

❸ 화이트 루(roux)를 이용하여 베샤멜 소스(bechamel sauce)를 만들어 사용하시오.

과정 한눈에 보기

재료 세척 → 닭 손질 → 치킨스톡 만들기 → 재료 썰어 볶기 → 화이트 루 만들기 → 수프 끓이기 → 완성

재료

닭다리(한마리 1.2kg, 허벅지살 포함 반마리 지급 가능) 1개
청피망(중, 75g) 1/4개 / **홍피망**(중, 75g) 1/6개
양파(중, 150g) 1/6개 / **양송이**(2개) 20g / **정향** 1개
월계수잎 1잎

우유 150ml / **생크림**(동물성) 20ml / **버터**(무염) 20g
밀가루(중력분) 15g / **소금**(정제염) 2g / **흰후춧가루** 2g

만드는 법

1 닭다리는 깨끗이 씻어서 뼈와 살을 분리한다.

2 손질한 닭다리의 껍질을 제거하고 살은 2×2cm 크기로 썬다.

잠깐! 닭고기는 익으면서 크기가 줄어들어요. 약간 크게 잘라야 해요.

3 냄비에 버터를 두르고 닭뼈만 넣고 가볍게 볶다가 물 1컵을 붓고 끓인다.

4 끓기 시작하면 중불에서 5분 정도 더 끓이고 체와 면포를 이용해 치킨 스톡을 걸러 준비한다.

스톡 우리말로 육수

5

양파 속대에 정향 1개, 월계수잎을 꽂아 부케가르니를 만든다.

부케가르니 양파에 월계수잎, 통후추, 정향, 다임, 파슬리 줄기와 같은 것을 사용하여 만든 향초 다발

6

양송이는 껍질을 제거하고 4쪽 자른다.

7

청피망, 홍피망, 양파는 1.8×1.8cm로 썬다.

8

팬에 버터를 두르고 양파 → 양송이 → 청피망 → 홍피망 → 닭살 순으로 각각 볶는다.

9

냄비에 버터와 밀가루를 넣어 화이트 루를 만든 후 치킨 스톡 1컵을 넣고 멍울 없이 잘 풀리면 우유를 1/2컵 넣어 베샤멜 소스를 만든다.

베샤멜 소스 화이트 루에 우유와 향신료를 넣어면 만든 걸쭉한 소스

10

끓으면 부케가르니를 넣고 끓인다.

잠깐! 베샤멜 소스는 멍울이 생기지 않도록 화이트 루에 스톡과 우유를 소량씩 넣어 약불에서 잘 저어가며 풀어줘야 해요.

❿에 닭고기와 볶은 채소를 넣고 끓이다가 생크림 1큰술을 넣고 소금, 흰후춧가루로 간을 한다.

부케가르니를 건지고 완성그릇에 담아낸다.

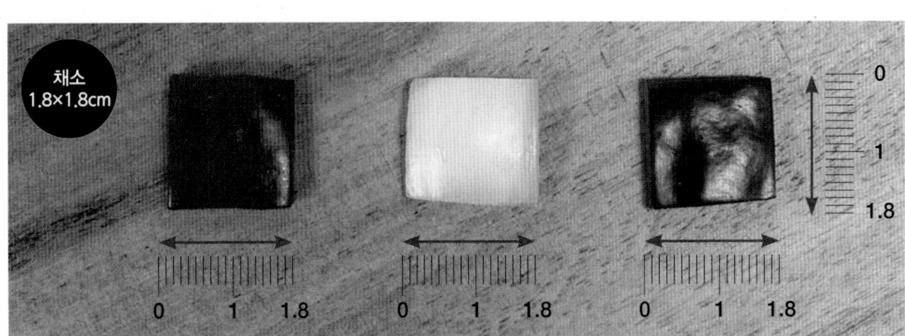

합격포인트

1_ **재료는 일정한 크기로 썰고, 수프는 적절한 농도로 만든다.**
2_ **치킨 스톡을 반드시 만들어 사용한다.**

치킨 커틀렛

Chicken cutlet

짝꿍과제

브라운 스톡 30분	82p
치즈 오믈렛 20분	35p
프렌치 어니언 수프 30분	76p
이탈리안 미트 소스 30분	46p

요구사항

❶ 닭은 껍질째 사용하시오.
❷ 완성된 커틀렛의 색에 유의하고 두께는 1cm로 하시오.
❸ 딥팻후라이(deep fat frying)로 하시오.

과정 한눈에 보기

재료 세척 → 닭 손질 → 튀김반죽 묻혀 튀기기 → 완성

재료

닭다리(한마리 1.2kg, 허벅지살 포함 반마리 지급 가능) 1개
달걀 1개 / **빵가루**(마른 것) 50g

소금(정제염) 2g / **검은후춧가루** 2g / **식용유** 500ml
밀가루(중력분) 30g / **냅킨**(흰색, 기름제거용) 2장

만드는 법

1 닭다리는 깨끗이 씻어서 뼈에서 살을 분리한다.

2 닭살은 껍질째 0.5cm 두께로 일정하게 펼치고 힘줄을 제거한다.

3 닭살을 칼등으로 충분히 두드리고 껍질 쪽에 칼집을 넣은 후 소금, 검은후춧가루로 밑간을 한다.

4 튀김기름을 올린다.

5

달걀물을 만들고 빵가루를 준비한다.

잠깐! 마른 빵가루의 경우 수분(물 1~2큰술)을 주면 빵가루가 부드러워져서 튀김옷이 잘 입혀져요.

6

밑간한 닭에 밀가루 → 달걀물 → 빵가루 순으로 묻힌 후 꾹꾹 눌러 모양을 만든다.

7

기름이 160~170℃로 달궈지면 껍질이 먼저 바닥에 닿게 하여 딥팻후라이한다.

딥팻후라이 깊이가 있는 팬에 기름을 넉넉히 두르고 튀기는 방법

8

완성 두께를 1cm로 하고 껍질이 위로 가게 완성 접시에 담는다.

합격포인트

1_ **튀김온도에 주의하여 속까지 완전히 익히도록 한다.**
2_ **닭은 껍질째 사용한다.**
3_ **닭다리가 기름 속에 담가지게 하여 튀긴다(재료량의 2~5배 정도가 적당).**

스파게티 카르보나라

Spaghetti carbonara

짝꿍과제

홀렌다이즈 소스 25분	42p
프렌치 프라이드 쉬림프 25분	38p
피시 차우더 수프 30분	72p
이탈리안 미트 소스 30분	46p

요구사항

❶ 스파게티 면은 al dente(알 덴테)로 삶아서 사용하시오.
❷ 파슬리는 다지고 통후추는 곱게 으깨서 사용하시오.
❸ 베이컨은 1cm 정도 크기로 썰어, 으깬 통후추와 볶아서 향이 잘 우러나게 하시오.
❹ 생크림은 달걀노른자를 이용한 리에종(liaison)과 소스에 사용하시오.

과정 한눈에 보기

재료 세척 → 재료 손질 → 스파게티 삶기 → 리에종 소스 만들기 → 카르보나라 만들기 → 완성

재료

스파게티면(건조 면) 80g / **베이컨**(25~30cm) 1조각
달걀 1개 / **파슬리**(잎, 줄기 포함) 1줄기

소금(정제염) 5g / **검은통후추** 5개 / **식용유** 20ml
올리브오일 20ml / **버터**(무염) 20g
생크림(동물성) 180ml / **파마산 치즈가루** 10g

만드는 법

1 냄비에 면 삶을 물을 올린다.

2 파슬리는 곱게 다지고 면포에 싸서 물에 헹군 후 보슬한 가루로 만든다.

3 통후추는 칼등을 이용하여 곱게 으깬다.

4 베이컨은 1cm 폭으로 채썬다.

물이 끓으면 올리브오일 약간, 소금을 넣고 스파게티면을 알 덴테로 삶는다.

잠깐! 알 덴테가 되기 위해서 끓는 물에서 8~9분, 삶고 나서 절대 찬물에 헹구지 마세요.

생크림 3큰술, 노른자 1개, 소금을 약간 섞어 리에종 소스를 만든다.

리에종 소스 소스나 수프를 걸쭉하게 하여 농도를 조절하고 풍미를 준다. 농후제, 접착제 역할

팬에 올리브오일을 두르고 베이컨과 으깬 통후추를 넣고 볶는다.

7에 스파게티면을 넣고 볶다가 생크림 1/2컵과 소금을 넣고 면을 코팅하듯 볶은 뒤 불을 끄고 버터, 리에종 소스, 파마산 치즈가루, 파슬리가루를 넣어 버무린다.

완성접시에 담아 파슬리가루와 으깬 통후추를 뿌린다.

합격포인트

1_ **스파게티면은 알 덴테로 삶는다.**
2_ **리에종 소스의 달걀노른자가 익지 않게 유의한다.**

참치타르타르

Tuna tartar

짝꿍과제

치즈 오믈렛 20분	35p
프렌치 프라이드 쉬림프 25분	38p
치킨 알라킹 30분	93p
포테이토 샐러드 30분	56p

요구사항

❶ 참치는 꽃소금을 사용하여 해동하고, 3~4mm의 작은 주사위 모양으로 썰어 양파, 그린올리브, 케이퍼, 처빌 등을 이용하여 타르타르를 만드시오.

❷ 채소를 이용하여 샐러드 부케를 만들어 곁들이시오.

❸ 참치타르타르는 테이블 스푼 2개를 사용하여 퀜넬(quenelle)형태로 3개를 만드시오.

❹ 채소 비네그레트는 양파, 붉은색과 노란색의 파프리카, 오이를 가로세로 2mm의 작은 주사위 모양으로 썰어서 사용하고, 파슬리와 딜은 다져서 사용하시오.

과정 한눈에 보기

재료 세척 → 참치해동 → 재료 썰기 → 샐러드부케 → 비네그레트 소스 → 참치타르타르 → 완성

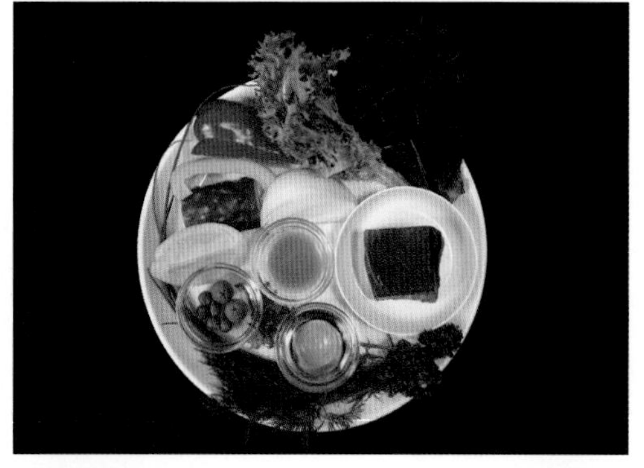

재료

붉은색 참치살(냉동 지급) 80g / **양파**(중, 150g) 1/8개
그린올리브 2개 / **케이퍼** 5개 / **레몬**(길이로 등분) 1/4개
처빌 2줄기, **차이브**(fresh, 실파로 대체 가능) 5줄기
롤라로사(꽃(적)상추로 대체 가능) 2잎
그린치커리(fresh) 2줄기 / **붉은색 파프리카**(150g) 1/4개
노란색 파프리카(150g) 1/8개
오이(가늘고 곧은 것, 20cm, 길이로 반을 갈라 10 등분) 1/10개
파슬리(잎, 줄기 포함) 1줄기 / **딜**(fresh) 3줄기

식초 10ml / **올리브오일** 25ml / **핫 소스** 5ml
꽃소금 5g / **흰후춧가루** 3g

※ 지참 준비물 추가 : 테이블스푼(퀜넬용, 머릿부분 가로 6cm 세로(폭) 3.5~4cm) 2개

만드는 법

1 냄비에 물을 올린다.

2 참치는 연한 소금물에 담가 해동시킨 후 면포에 싸두어 물기를 제거한다.

3 롤라로사, 그린치커리, 차이브는 찬물에 담가 싱싱해지면 물기를 제거한다.

4 레몬은 막과 씨를 제거하고 레몬즙을 짠다.

잠깐! 레몬즙은 ① 참치타르타르 ② 비네그레트 2군데에 들어가요.

냄비에 물이 끓으면 일부 차이브(2~3줄기)를 데친다.

붉은색 파프리카 일부를 채썬다.

잠깐! 붉은색 파프리카는 ① 샐러드 부케 ② 비네그레트 2군데에 들어가요.

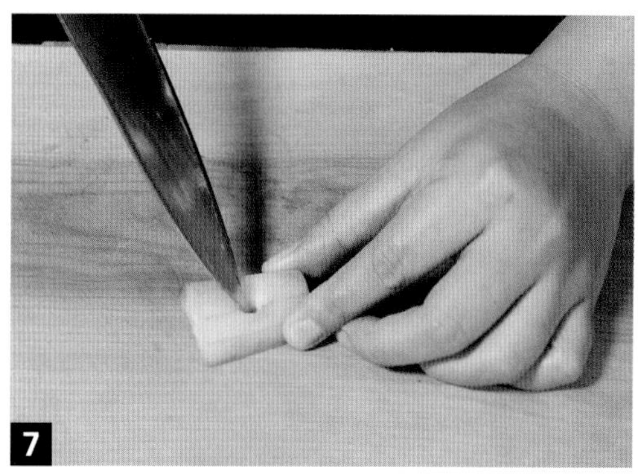

오이는 돌려깎아 껍질부분은 비네그레트에 넣도록 따로 두고, 오이의 남은 부분은 바깥쪽에 구멍을 낸다.

롤라로사, 치커리, 데치지 않은 차이브, 채썬 붉은색 파프리카를 데친 차이브로 묶어 샐러드 부케를 만든다.

구멍 낸 오이에 샐러드 부케를 끼워 고정시킨다.

참치는 3~4mm 주사위 모양으로 썬다.

11

양파 1/2, 그린올리브, 처빌은 곱게 다지고, 케이퍼는 반으로 자른다.

잠깐! 양파는 ① 참치타르타르 ② 비네그레트 2군데에 들어가요.

12

잘라놓은 참치에 11을 섞고 레몬즙, 올리브오일 1작은술, 핫 소스 1/2작은술, 소금, 후추 약간을 넣어 버무려 참치타르타르를 만든다.

13

붉은색 파프리카, 노란색 파프리카, 양파 1/2, 오이껍질부분을 가로세로 2mm의 작은 주사위 모양으로 썬다.

잠깐! 파프리카는 너무 두꺼우면 포를 떠서 썰어주세요.

14

파슬리와 딜은 다진다.

15

13+14에 레몬즙 1/2작은술, 식초 2작은술, 후추, 소금, 올리브오일 2큰술을 넣어 비네그레트를 만든다.

비네그레트 오일에 식초나 레몬즙 등을 섞어 만든 소스

16

완성접시에 샐러드 부케를 올리고 퀸넬스푼을 이용하여 참치타르타르를 퀸넬 형태로 3개 만들어 담는다.

17

채소 비네그레트를 참치 주변에 보기 좋게 뿌려 완성한다.

합격포인트

1_ 참치살은 미리 양념하면 참치색이 변하므로 담기 직전에 양념한다.

2_ 샐러드 부케는 형태를 잘 유지하도록 만들고, 참치타르타르를 일정한 크기로 썰어 만든다.

3_ 비네그레트는 뿌리기 전에 충분히 저어 올리브오일이 분리되지 않게 한다.

서로인 스테이크

Sirloin steak

짝꿍과제

프렌치 어니언 수프 30분	76p
피시 차우더 수프 30분	72p
이탈리안 미트 소스 30분	46p
브라운 스톡 30분	82p

요구사항

❶ 스테이크는 미디움(medium)으로 구우시오.

❷ 더운 채소(당근, 감자, 시금치)를 각각 모양 있게 만들어 함께 내시오.

과정 한눈에 보기

재료 세척 → 재료손질 → 가니쉬 만들기 → 스테이크 굽기 → 완성

재료

소고기(등심, 덩어리) 200g / **감자**(150g) 1/2개
당근(둥근 모양이 유지되게 등분) 70g
시금치 70g / **양파**(중, 150g) 1/6개

소금(정제염) 2g / **식용유** 150ml / **버터**(무염) 50g
흰설탕 25g / **검은후춧가루** 1g

만드는 법

1 냄비에 물을 올린다.

2 소고기는 지방과 힘줄을 제거하고 가장자리를 정리한 후 키친타올을 위에 놓고 핏물을 제거하여 소금, 검은후춧가루로 밑간한다.

3 감자는 5×0.8×0.8cm 막대모양으로 썰어 물에 담가둔다.

4 당근은 지름 3~4cm, 두께 0.5.cm인 원형으로 각을 돌려 깎아 비행접시모양(비쉬모양)을 만든다.

냄비에 물이 끓으면 소금을 넣고 감자, 당근, 시금치(줄기째) 순으로 데친다.

잠깐! 감자나 당근은 너무 오래 데치지 마세요. 뭉개져서 모양이 흐트러져요. 감자는 데치고 나서 절대로 찬물에 헹구지 마세요.

냄비에 물 1/3컵, 버터 1작은술, 설탕 1큰술, 소금 약간을 넣고 데친 당근을 넣어 윤기나게 조린다.

잠깐! 중약불로 졸이면 돼요. 센불은 NO!

양파는 다진다.

데친 감자는 수분을 완전히 제거하고, 160~170℃에서 노릇하게 튀긴 후 소금을 뿌린다.

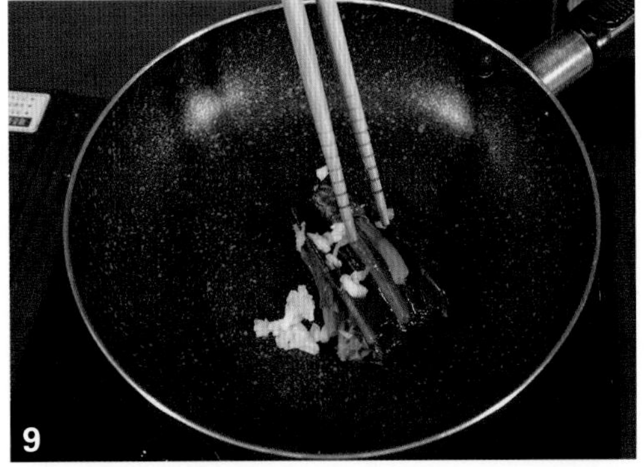

데친 시금치는 물기를 제거하고 5cm 길이로 썰고, 팬에 식용유를 두르고 곱게 다진 양파를 볶다가 시금치를 넣고 소금, 후추로 간을 한다.

잠깐! 양파는 색이 나지 않게 살짝만 볶아주세요.

팬에 식용유와 버터를 두르고 강불에서 소고기의 양면을 노릇하게 지진 후 불을 줄여 미디움 상태가 되도록 익힌다.

11

완성접시에 감자, 시금치, 당근을 담고 스테이크를 가운데 담아 완성한다.

합격포인트

1_ 강불에서 겉면을 지진 후 약불에서 익혀야 **육즙이 빠져나오지 않는다.**

2_ **반드시 미디움으로 익힌다.**

3_ **감자, 시금치, 당근의 모양과 각각의 조리법에 유의한다.**

토마토 소스 해산물 스파게티

Seafood spaghetti tomato sauce

짝꿍과제

프렌치 프라이드 쉬림프 25분	38p
치즈 오믈렛 20분	35p
월도프 샐러드 20분	31p
홀렌다이즈 소스 25분	42p

요구사항

❶ 스파게티 면은 al dente(알 덴테)로 삶아서 사용하시오.

❷ 조개는 껍질째, 새우는 껍질을 벗겨 내장을 제거하고, 관자살은 편으로 썰고, 오징어는 0.8cm × 5cm 크기로 썰어 사용하시오.

❸ 해산물은 화이트와인을 사용하여 조리하고, 마늘과 양파는 해산물 조리와 토마토 소스 조리에 나누어 사용하시오.

❹ 바질을 넣은 토마토 소스를 만들어 사용하시오.

❺ 스파게티는 토마토 소스에 버무리고 다진 파슬리와 슬라이스 한 바질을 넣어 완성하시오.

과정 한눈에 보기

재료 세척 → 재료손질 → 스파게티 삶기 → 토마토소스 만들기 → 해산물 익히기 → 스파게티 만들기 → 완성

재료

스파게티면(건조 면) 70g
토마토(캔, 홀필드, 국물 포함) 300g / **마늘** 3쪽
양파(중, 150g) 1/2개 / **바질**(신선한 것) 4잎
파슬리(잎, 줄기 포함) 1줄기 / **방울토마토**(붉은색) 2개
새우(껍질있는 것) 3마리
모시조개(지름 3cm, 바지락 대체 가능) 3개
오징어(몸통) 50g / **관자살**(50g, 작은 관자 3개) 1개

소금 5g / **흰후춧가루** 5g / **식용유** 20ml
올리브오일 40ml / **화이트와인** 20ml

만드는 법

1 냄비에 물을 올린다.

2 모시조개는 깨끗이 씻어 옅은 소금물에 해감시킨다.

3 마늘과 양파는 곱게 다진다.

잠깐! 다진 마늘과 양파는 ① 토마토 소스 ② 해산물 조리 2군데에 들어가요.

4 냄비에 물과 식용유, 소금을 넣어 끓으면 스파게티면을 넣고 8분 정도 가운데 심이 남아있는 알덴테로 삶는다.

잠깐! 스파게티면은 찬물에 헹구지 않아요.

5

방울토마토를 2~4등분한다.

6

바질은 채썬다.

잠깐! 바질은 ① 토마토 소스 ② 스파게티 마무리 2군데에 들어가요.

7

파슬리는 곱게 다지고 면포에 싸서 물에 헹군 후 보슬보슬한 가루로 만든다.

8

캔 토마토는 꼭지를 제거하고 다진다.

9

관자는 얇은 막을 제거한 후 얇게 편으로 썬다.

10

오징어는 0.8×5cm로 채썬다.

11

새우는 내장과 껍질을 제거한다.

12

냄비에 올리브오일 1큰술을 두르고 다진 양파 2/3, 마늘 2/3, 캔 토마토, 바질 1/2 순으로 넣고 끓이다가 소금과 흰후춧가루로 간을 해 토마토 소스를 만든다.

13

팬에 올리브오일을 두르고 다진 마늘과 다진 양파를 넣어 볶다가 손질한 해산물을 넣어 센불에서 볶고 화이트와인을 넣어 조개 입이 벌어질 때까지 익힌다.

14

13에 토마토 소스를 넣고 끓이다가 스파게티면을 넣어 버무린 후 방울토마토, 소금, 흰후춧가루, 다진 파슬리 2/3, 채썬 바질 2/3을 넣어 완성한다.

15

완성접시에 담고 남은 다진 파슬리와 채썬 바질을 얹어 낸다.

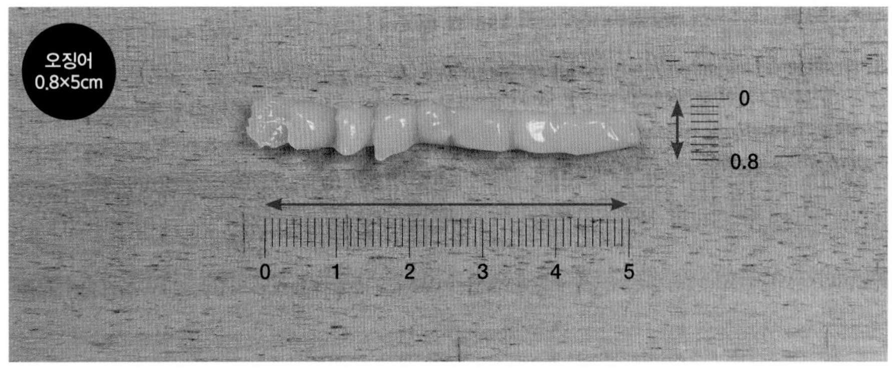

합격포인트

1_ 스파게티면은 알 덴테로 삶아져야 한다.
2_ 해산물과 토마토 소스가 잘 어우러져야 하며, 소스의 색과 농도에 유의한다.

시저 샐러드

Caesar salad

짝꿍과제

타르타르 소스 20분	24p
프렌치 프라이드 쉬림프 25분	38p
월도프 샐러드 20분	31p
이탈리안 미트 소스 30분	46p

요구사항

❶ 마요네즈(100g 이상), 시저 드레싱(100g 이상), 시저 샐러드(전량)를 만들어 3가지를 각각 별도의 그릇에 담아 제출하시오.

❷ 마요네즈(mayonnaise)는 달걀노른자, 카놀라오일, 레몬즙, 디존 머스터드, 화이트와인식초를 사용하여 만드시오.

❸ 시저 드레싱(caesar dressing)은 마요네즈, 마늘, 앤초비, 검은후춧가루, 파미지아노 레기아노, 올리브오일, 디존 머스터드, 레몬즙을 사용하여 만드시오.

❹ 파미지아노 레기아노는 강판이나 채칼을 사용하시오.

❺ 시저 샐러드는 로메인 상추, 곁들임(크루톤(1cm × 1cm), 구운 베이컨(폭 0.5cm), 파미지아노 레기아노), 시저 드레싱을 사용하여 만드시오.

과정 한눈에 보기

재료 세척 → 크루톤 만들기 → 재료손질 → 마요네즈 만들기 → 시저드레싱 만들기 → 샐러드 만들기 → 완성

재료

달걀(60g, 상온에 보관한 것) 2개 / **레몬** 1개
로메인 상추 50g / **마늘** 1쪽
베이컨(길이 25~30cm) 1조각 / **앤초비** 3개
식빵(슬라이스) 1쪽
파미지아노 레기아노 치즈(덩어리) 20g

검은후춧가루 5g / **소금** 10g / **화이트와인식초** 20ml
디존 머스터드 10g / **올리브오일**(extra virgin) 20ml
카놀라오일 300ml

만드는 법

1 로메인 상추는 깨끗이 씻어 찬물에 담가둔다.

2 레몬은 막과 씨를 제거하고 레몬즙을 짠다.

3 마늘과 앤초비는 다지고, 베이컨은 폭 0.5cm로 썬다.

4 가장자리를 제거한 식빵은 1×1×1cm 정육면체로 썰고, 올리브오일을 두른 팬에 갈색이 나게 볶아 크루톤을 만든다.

크루톤 작은 조각의 빵을 토스트 또는 튀겨서 수프에 넣거나 또는 가니쉬로 사용하는 것

5

팬에 올리브오일을 두르고 베이컨을 노릇하게 굽는다.

6

파미지아노 레기아노는 강판에 갈아 준비한다.

7

달걀은 노른자만 분리하여 카놀라오일을 조금씩 넣어가며 거품기로 분리되지 않게 저어준다.

잠깐! 오일을 조금씩 넣으면서 점차 양을 늘려야 분리되지 않고 잘 섞어요.

8

7을 거품기로 저어가며 레몬즙과 화이트와인식초로 농도를 맞추고, 디존 머스터드 일부를 섞어 마요네즈 100g을 제출용으로 담아둔다.

9

남은 마요네즈에 다진 마늘, 다진 앤초비, 파미지아노 레기아노 치즈가루 1큰술, 올리브오일 1~2큰술, 검은후춧가루와 소금 약간, 디존 머스터드, 레몬즙을 넣어 시저 드레싱을 만들고 제출용으로 100g을 담아둔다.

10

물기를 제거한 로메인 상추에 시저 드레싱 적당량을 넣어 버무린다.

11
시저 샐러드 위에 베이컨과 크루톤, 파미지아노 레기아노 가루를 얹어 완성하고, 마요네즈, 시저 드레싱과 함께 제출한다.

합격포인트

1_ 로메인 상추의 물기를 완전히 제거해야 드레싱이 겉돌지 않아요.
2_ 시저 샐러드, 마요네즈, 시저 드레싱을 모두 제출한다.

비프 콘소메

Beef consomme

짝꿍과제

치즈 오믈렛 20분	35p
월도프 샐러드 20분	31p
타르타르 소스 20분	24p

요구사항

❶ 어니언 브루리(onion brulee)를 만들어 사용하시오.
❷ 양파를 포함한 채소는 채썰어 향신료, 소고기, 달걀흰자 머랭과 함께 섞어 사용하시오.
❸ 수프는 맑고 갈색이 되도록 하여 200ml 이상 제출하시오.

과정 한눈에 보기

재료 세척 → 채소썰기 → 콩카세 → 어니언 브루리 → 머랭치기 → 끓이기 → 완성

재료

소고기(살코기, 갈은 것) 70g / **양파**(중, 150g) 1개
당근(둥근 모양이 유지되게 등분) 40g / **셀러리** 30g
달걀 1개 / **파슬리**(잎, 줄기 포함) 1줄기 / **월계수잎** 1잎
토마토(중, 150g) 1/4개 / **정향** 1개

비프 스톡(육수, 물로 대체 가능) 500ml
소금(정제염) 2g / **검은후춧가루** 2g / **검은통후추** 1개

만드는 법

1 냄비에 물을 올린다(토마토 콩카세용).

콩카세 토마토를 껍질 벗겨 다지는 썰기 방법

2 다진 소고기는 키친타올에 올려 핏물을 제거한다.

3 양파는 밑둥을 0.5cm 두께로 2~3쪽 정도 썰고 나머지는 곱게 채썬다.

4 셀러리와 당근은 곱게 채썬다.

5

냄비에 물이 끓으면 토마토를 데쳐 껍질과 씨를 제거한 후 굵게 다진다.

6

팬을 달군 후 양파 밑둥을 올려 갈색으로 구워 어니언 브루리를 만든다.

어니언 브루리 양파를 가로로 반으로 자르거나 채 썰어 팬과 같은 것을 이용하여 검은색으로 그을려서 굽는 방법.

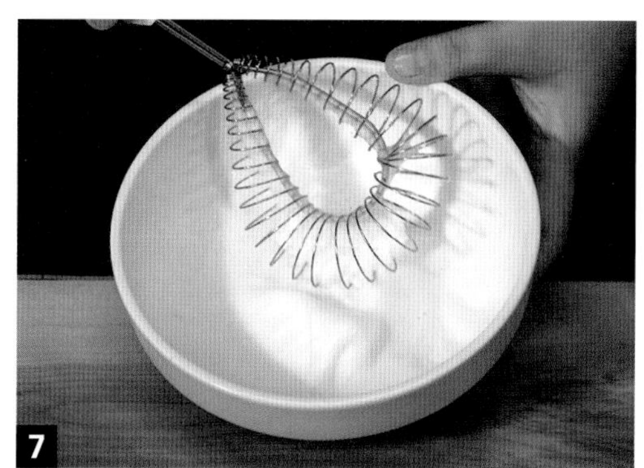

7

달걀흰자를 거품기로 쳐서 단단한 머랭을 만든다.

머랭 휘저어서 거품을 낸 달걀흰자

8

7에 채썬 양파, 당근, 셀러리, 다진 소고기, 토마토, 통후추, 정향, 월계수잎, 파슬리줄기를 넣어 골고루 가볍게 섞는다.

9

냄비에 물 4컵을 넣고 어니언 브루리를 넣은 후 8의 재료를 도넛모양으로 가운데 뚫어주어 넣은 다음 처음에는 센불, 끓으면 약불로 줄여 15~20분 정도 끓이고 마지막에 소금, 검은후춧가루를 넣어 간을 한다.

잠깐! 20분을 끓여도 맑아지지 않았다면 시간을 더 투자하셔서 끓여주세요.

10

9에 수저를 넣어 투명해지면 면포에 걸러 1컵 이상 완성그릇에 담아낸다.

합격포인트

1_ **양파는 진한 갈색으로 충분히 구워 어니언 브루리를 만든다.**

2_ **수프는 맑은 갈색으로 만들고, 200ml를 제출한다.**

비프 스튜

Beef stew

짝꿍과제

치즈 오믈렛 20분	35p
타르타르 소스 20분	24p
월도프 샐러드 20분	31p
사우전 아일랜드 드레싱 20분	28p

요구사항

❶ 완성된 소고기와 채소의 크기는 1.8cm의 정육면체로 하시오.
❷ 브라운 루(brown roux)를 만들어 사용하시오.
❸ 파슬리 다진 것을 뿌려 내시오.

과정 한눈에 보기

재료 세척 → 채소썰기 → 재료볶기 → 브라운 루 만들기 → 비프스튜 만들기 → 완성

재료

소고기(살코기, 덩어리) 100g
당근(둥근 모양이 유지되게 등분) 70g
양파(중, 150g) 1/4개 / **셀러리** 30g
감자(150g) 1/3개 / **마늘**(중, 깐 것) 1쪽
파슬리(잎, 줄기 포함) 1줄기 / **월계수잎** 1잎 / **정향** 1개

토마토 페이스트 20g / **밀가루**(중력분) 25g
버터(무염) 30g / **소금**(정제염) 2g / **검은후춧가루** 2g

만드는 법

1 소고기는 핏물을 제거하고 2cm 크기의 정육면체모양으로 썰어 소금, 검은후춧가루로 밑간한다.

2 감자, 당근은 1.8×1.8cm 정육면체모양으로 썰어 모서리를 살짝 다듬어 준비한다.

3 양파는 가로, 세로 1.8cm 모양으로 자르고, 마늘은 다진다.

4 월계수잎, 정향은 양파 속대를 꽂아 부케가르니를 만든다.

부케가르니 양파에 월계수잎, 통후추, 정향, 타임, 파슬리 줄기와 같은 것을 사용하여 만든 향초다발

5
셀러리는 섬유질을 제거한 후 사방 1.8cm 모양으로 자른다.

6
파슬리는 곱게 다지고 면포에 싸서 물에 헹군 후 보슬한 가루로 만든다.

7
소고기에 밀가루를 묻힌다.

8
팬에 버터를 두르고 7의 소고기를 겉면이 노릇하게 굽다가 당근, 감자, 양파, 셀러리를 넣어 함께 볶는다.

9
냄비에 버터를 녹인 후 밀가루를 넣어 브라운 루를 만든 후 페이스트를 넣어 볶고 다진 마늘, 볶은 고기, 채소를 넣는다.

10
9에 물 2컵을 나누어 붓고, 부케가르니를 넣어 모든 재료가 익을 때까지 거품을 제거하며 끓인다.

비프스튜의 농도가 나면 부케가르니는 건져내고 소금, 검은후춧가루로 간을 한다.

완성그릇에 스튜를 담고 파슬리 다진 것을 뿌린다.

합격포인트

1_ 감자와 당근은 모서리를 둥글게 다듬고, 완전히 익혀야 **한다.**
2_ **스튜의 색과 농도에 유의한다.**

바베큐 폭찹

Barbecued pork chop

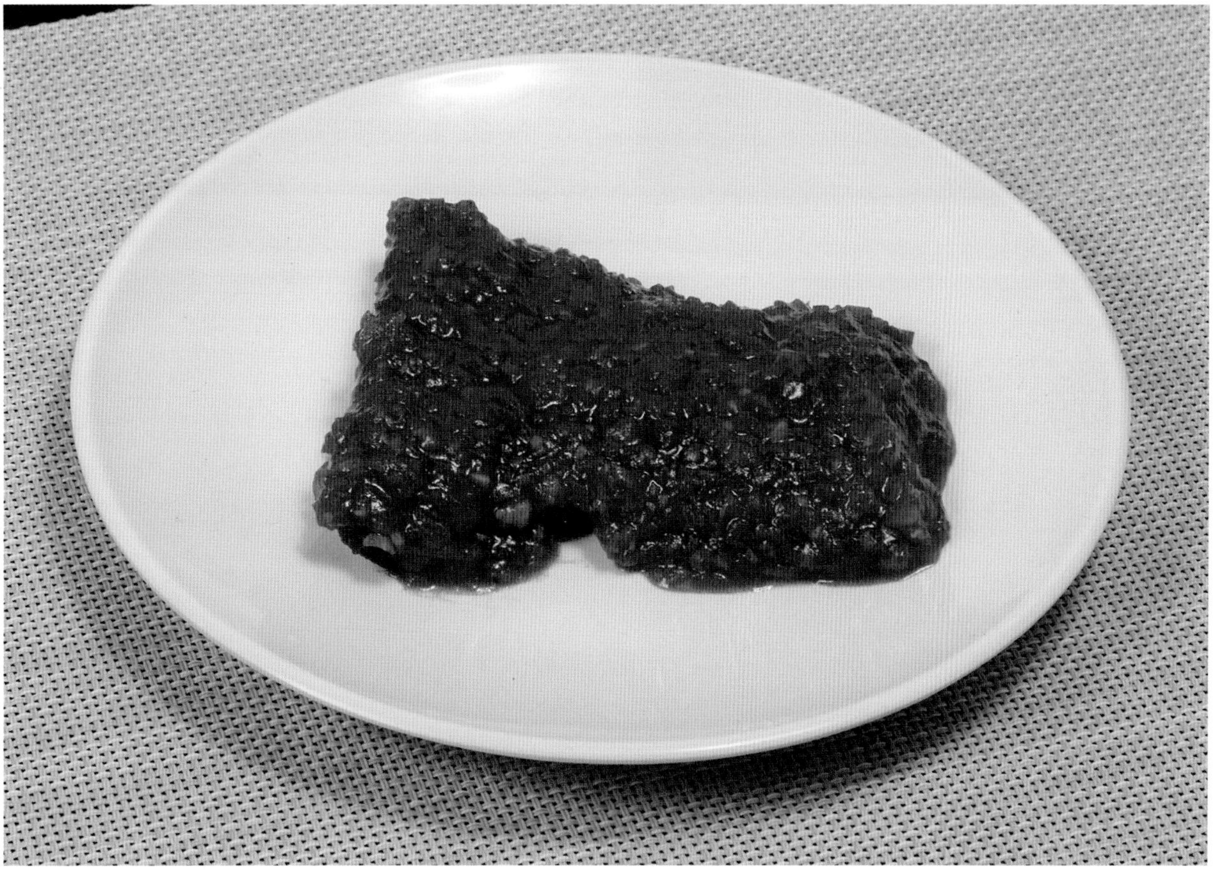

짝꿍과제

요구사항

❶ 고기는 뼈가 붙은 채로 사용하고 고기의 두께는 1cm로 하시오.
❷ 양파, 셀러리, 마늘은 다져 소스로 만드시오.
❸ 완성된 소스는 농도에 유의하고 윤기가 나도록 하시오.

과정 한눈에 보기

재료 세척 → 갈비 손질 → 재료다지기 → 돼지갈비 굽기 → 소스 만들기 → 폭찹 만들기 → 완성

재료

돼지갈비(살두께 5cm 이상, 뼈를 포함한 길이 10cm) 200g
양파(중, 150g) 1/4개 / **셀러리** 30g / **버터**(무염) 10g
월계수잎 1잎 / **레몬**(길이로 등분) 1/6개
마늘(중, 깐 것) 1쪽

비프 스톡(육수, 물로 대체 가능) 200ml
밀가루(중력분) 10g / **토마토케첩** 30g
우스터 소스 5ml / **황설탕** 10g / **소금**(정제염) 2g
검은후춧가루 2g / **핫 소스** 5ml / **식초** 10ml
식용유 30ml

만드는 법

1 돼지갈비는 기름과 막을 제거하고 찬물에 담가 핏물을 제거한다.

2 돼지갈비의 물기를 제거한 후 뼈가 붙은 상태에서 1cm 두께로 포를 뜬 후 잔 칼집을 넣어 부드럽게 한 다음 소금, 후추를 뿌린다.

잠깐! 반드시 뼈와 살이 붙어있어야 해요.

3 레몬은 막과 씨를 제거하고 레몬즙을 짠다.

4 셀러리의 섬유질을 제거한 후 양파, 마늘과 같이 0.3cm 정도의 굵기로 다진다.

5 포 뜬 돼지갈비에 밀가루를 묻힌다.

6 팬에 식용유를 두르고 밀가루 묻힌 돼지갈비를 앞뒤가 노릇하게 지져낸다.

7 냄비에 버터를 두르고 양파, 셀러리, 마늘을 볶다가 반 정도 익으면 케첩 3큰술을 넣고 볶은 후 물 1컵, 우스터 소스 1작은술, 식초 1/2작은술, 핫 소스, 황설탕 1큰술, 레몬즙, 월계수잎을 넣고 끓인다.

8 소스가 끓으면 거품을 제거하고 노릇하게 지진 돼지고기를 넣어 국물을 끼얹어가며 졸이다가 월계수잎을 건져내고 소금, 후추로 간을 한다.

9 완성접시에 돼지갈비를 담고 소스를 고기에 골고루 덮고 접시에 흘러내릴 정도로 끼얹어 낸다.

합격포인트

1_ **돼지갈비의 포를 평평하게 뜨고 완전히 익혀야 한다.**

2_ **주어진 재료로 소스를 만들고 농도에 유의한다.**

살리스버리 스테이크

Salisbury steak

짝꿍과제

타르타르 소스 20분	24p
브라운 스톡 30분	82p
치즈 오믈렛 20분	35p
월도프 샐러드 20분	31p

요구사항

❶ 살리스버리 스테이크는 타원형으로 만들어 고기 앞, 뒤의 색을 갈색으로 구우시오.

❷ 더운 채소(당근, 감자, 시금치)를 각각 모양 있게 만들어 곁들여 내시오.

과정 한눈에 보기

재료 세척 → 재료 손질 → 가니쉬 만들기 → 스테이크 반죽 → 스테이크 모양내기 → 스테이크 굽기 → 완성

재료

소고기(살코기, 갈은 것) 130g / **양파**(중, 150g) 1/6개
달걀 1개 / **감자**(150g) 1/2개
당근(둥근 모양이 유지되게 등분) 70g / **시금치** 70g
빵가루(마른 것) 20g

소금(정제염) 2g / **검은후춧가루** 2g / **식용유** 150ml
흰설탕 25g / **우유** 10ml / **버터**(무염) 50g

만드는 법

1 냄비에 물을 올린다.

2 빵가루 2큰술과 우유 1큰술을 섞어 불린다.

잠깐! 건조된 빵가루는 우유에 불려 사용하면 고기반죽이 찰져 모양 만들기가 쉬워요.

3 감자는 5×0.8×0.8cm 막대모양으로 썰어 물에 담가둔다.

4 당근은 3~4cm 원형, 두께 0.5.cm로 각을 돌려 깎아 비행접시모양(비쉬모양)을 만든다.

냄비에 물이 끓으면 소금을 넣고 감자, 당근, 시금치(줄기째) 순으로 데친다.

잠깐! 감자나 당근은 너무 오래 데치지 마세요. 뭉개져서 모양이 흐트러져요.

냄비에 물 1/3컵, 버터 1작은술, 설탕 1큰술, 소금 약간을 넣고 데친 당근을 넣어 윤기나게 조린다.

양파는 곱게 다져 1/2큰술은 남겨놓고 나머지는 팬에 식용유를 약간 두르고 수분이 제거될 정도로 살짝 볶아 식힌다.

데친 감자는 수분을 제거하고, 170℃에서 노릇하게 튀긴 후 소금을 뿌린다.

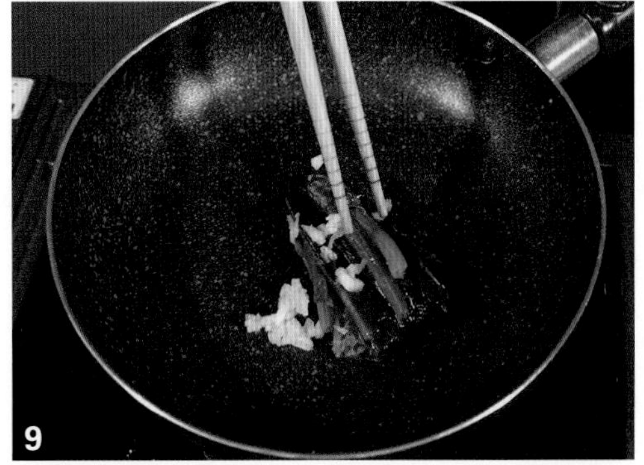

데친 시금치는 물기를 제거하고 5cm 길이로 썰고, 팬에 식용유를 두르고 곱게 다진 양파를 볶다가 시금치를 넣고 소금, 후추로 간을 한다.

잠깐! 양파는 색이 나지 않게 살짝만 볶아주세요.

다진 소고기는 한 번 더 곱게 다진 후 키친타올로 감싸 핏물을 제거한다.

11

다진 소고기에 볶은 양파, 불린 빵가루, 달걀물 1큰술, 소금, 검은후춧가루를 넣어 잘 치댄 후 공기를 제거하고 두께 0.7cm 럭비공 모양으로 빚는다.

잠깐! 모양을 만들 때 비닐을 이용하면 쉬워요.

12

팬에 식용유를 두르고 **11**을 중불에서 앞뒤가 갈색이 나도록 익히고, 불을 약하게 줄여 속까지 완전히 익힌다.

13

완성접시에 감자, 시금치, 당근을 담고 스테이크를 가운데 담아 완성한다.

합격포인트

1_ **고기가 타지 않도록 하며, 구워진 고기가 단단해지지 않도록 유의한다.**

2_ **감자, 시금치, 당근의 모양과 각각의 조리법에 유의한다.**

혼공비법 실전 10가지

혼공비법 레시피 요약

규격 암기용 재료 실사 카드

40분

혼공비법 **실전 1탄**

20분

실제로 시험은 두 가지 과제를 제출해야 하니까 두 가지 과제를 만드는 실전 연습은 여길 보세요!

살리스버리 스테이크

① 스테이크는 타원형, 고기 앞, 뒤의 색을 갈색으로 굽기
② 당근, 감자, 시금치를 각각 모양 있게 만들기

타르타르 소스

① 다지는 재료는 0.2cm의 크기
② 소스는 농도를 잘 맞추어 100ml 정도 제출

조리 순서

살리스버리 스테이크 먼저 완성!
소스는 나중에 완성합니다. 잊지 마세요~ 소스 재료는 손질하고 바로 소스 버무릴 그릇에 담아 공간을 활용하고 섞을 때 시간을 단축합니다!
달걀을 삶는 동안 모든 재료를 손질하고 삶은 물을 활용해서 데치기를 하면 시간이 단축돼요!

만드는법

1. **달걀 삶기** : 소금 + 식초 → 끓기 시작, 중불에서 12~ 15분 삶기 → 찬물
2. **재료손질**
   - 양파 : 다져서 3개로 나누기
     살리스버리 스테이크 ① 고기 속
     ② 시금치랑 같이 볶는 용
     타르타르 소스 소금 뿌리기
     ＊ **양파의 양 : 타르타르 〉 살리스버리 고기 속 〉 시금치랑 같이 볶는 용 → 3:2:1로 나누기**
   - 감자 : 5×0.8×0.8cm
   - 당근 : 4cm 원형, 두께 0.5cm, 각을 돌려 깎기
   - 피클 : 0.2cm 입자 보이게 다지기
   - 파슬리 : 다지기
3. **불린 빵가루 만들기**
   빵가루 2T + 우유 1T 섞기
4. **데치기** : 감자, 당근, 시금치(줄기째)
   ＊ **달걀 삶은 물을 재사용해서 시간 단축!!!**
5. **볶기, 조리기, 튀기기**
   - 양파 볶기(살리스버리 고기 속용) → 접시에 펼쳐 식히기
   - 당근 조리기 : (냄비)물 1/3C + 버터 약간 + 설탕 1T
   - 감자 튀기기 : (팬)수분 제거 → 약불에서 서서히 170℃에서 바삭 튀김 → 소금(4개 완성)
   - 시금치 볶기 : 5cm 썰기 → (팬)식용유 두르고 곱게 다진 양파 볶다가 → 시금치 넣고 볶기(소금, 후추)
6. **삶은 달걀 손질**
   - 흰자 → 다지기
   - 노른자 → 다지기(1/2~1/3만)
7. **고기 한 번 더 다지기**
8. **스테이크 만들기**
   다진 소고기+볶은 양파+(빵가루+우유)+달걀물 1T+소금, 검은후춧가루
   → 잘 치댄 후 공기 제거 → 두께 0.8cm 타원형 만들기
   → (팬)식용유 두르고 중불에서 앞뒤가 갈색이 나도록 익히기
9. **스테이크 마무리** : 완성접시에 가니쉬 준비 후 살리스버리 스테이크 담기
10. **타르타르 소스 섞기** : 달걀 다진 것, 피클, 양파, 마요네즈 + 소금, 흰후추 → 레몬즙 + 파슬리 다진 것
11. **타르타르 소스 마무리** : 타르타르 소스 담고 파슬리가루 올리기

전과정 한눈에 보기

실제로 시험은 두 가지 과제를 제출해야 하니까 두 가지 과제를 만드는 실전 연습은 여길 보세요!

햄버거 샌드위치

① 빵은 버터를 발라 구워서 사용
② 고기에 사용되는 양파, 셀러리는 다진 후 볶아서 사용
③ 미디움웰던으로 굽고, 고기의 두께는 1cm 정도
④ 토마토, 양파 0.5cm 정도의 두께로 썰기, 양상추는 빵 크기에 맞추기
⑤ 샌드위치는 반으로 잘라 제출

해산물 샐러드

① 미르포아, 향신료, 레몬을 이용하여 쿠르부용 만들기
② 해산물은 쿠르부용에 데쳐 사용
③ 샐러드 채소는 깨끗이 손질하여 싱싱하게
④ 레몬 비네그레트는 양파, 레몬즙, 올리브오일 등 사용

조리 순서

햄버거 샌드위치 먼저 완성!
해산물 샐러드의 해산물은 샐러드이기 때문에 완전히 익혀 식힌 후에 담아야 해요. 그래서 제일 먼저 진행! 그 다음은 햄버거 샌드위치를 완성해서 접시에 눌러놓고 자르는 것만 맨 마지막에 진행하고, 해산물 샐러드를 마무리 하면 됩니다.
과정마다 공통재료가 여러 군데 들어가니 꼭 구분해서 사용하세요. ^^

만드는법

1. **양상추, 그린치커리, 롤라로사, 실파, 딜 → 찬물**
2. **해산물 손질**
   - 새우 : 내장 제거
   - 관자 : 막 제거 3등분
   - 피홍합, 중합 : 소금물에 담그기
3. **재료 손질**
   - 양파
     - 햄버거 샌드위치 ① 0.5cm 동그랗게 썰기(1개) ② 곱게 다지기(햄버거 패티용)
     - 해산물 샐러드 ① 채썰기(쿠르부용) ② 곱게 다지기(비네그레트용)

     ＊ 모양이 중요한 햄버거 원형을 먼저 썰고 나머지 준비! 4군데에 양파를 사용하니 잘 구분하고 사용!
   - 당근 : 채썰기
   - 셀러리
     - 햄버거 샌드위치 0.2cm 곱게 다지기(패티용)
     - 해산물 샐러드 채썰기(쿠르브용)
   - 레몬
     - 해산물 샐러드 ① 1/2 레몬즙(해산물 샐러드) ② 나머지 그대로(쿠르브용)
4. **냄비 사용**
   (냄비)물 2C+쿠르부용(양파채, 당근채, 셀러리채, 마늘, 실파, 월계수잎 1장, 통후추 3알, 레몬) 끓이기
   → 관자, 새우, 중합, 피홍합 순으로 삶기
5. **소고기** : 다지기
6. **햄버거빵 준비하기**
   햄버거빵 버터 바르기 → (팬)토스트 → 젓가락 위에 펼쳐 식히기
7. **팬 사용하기**
   (마른 팬)다진 양파, 다진 셀러리 수분 없이 볶기 → 접시에 펼쳐 식히기
8. **햄버거 속재료 작업**
   - 토마토 : 0.5cm 두께 원형 → 소금, 검은후춧가루
   - 양상추 : 물기 제거, 동그랗게 빵 크기로
9. **패티 만들기** : (달걀물 1T+빵가루 2~3T)+다진 소고기+볶은 양파+볶은 셀러리+소금, 검은후춧가루 → 섞어 치댄 후 공기 빼기 → 햄버거빵보다 1cm 크게 빚고 두께는 0.5cm → (팬) 식용유 → 익히기(약한불)
10. **햄버거 샌드위치 만들기** : 빵 → 상추 → 패티 → 토마토 → 양파 → 뚜껑 빵 ⇒ 접시로 눌러놓기
11. **레몬 비네그레트 드레싱** : 다진 양파+올리브오일+레몬즙 1t+식초 2t+소금+흰후춧가루
12. **해산물 샐러드 완성** : 양상추, 그린치커리, 롤라로사 물기 제거 → 한입 크기 → 접시담기 → 해산물 올리기 → 레몬 비네그레트 뿌리기 → 딜 장식
13. **햄버거 샌드위치 완성** : 햄버거 절반 잘라 앞쪽을 약간 벌려 담기

전과정 한눈에 보기

30분 혼공비법 **실전 3탄** 30분

실제로 시험은 두 가지 과제를 제출해야 하니까 두 가지 과제를 만드는 실전 연습은 여길 보세요!

치킨 커틀렛

① 닭은 껍질째 사용
② 완성된 커틀렛의 색에 유의, 두께는 1cm
③ 딥팻후라이(deep fat frying)

이탈리안 미트 소스

① 모든 재료는 다져서 사용하기
② 파슬리 다진 것을 뿌려 제출
③ 소스는 150ml 정도 제출

조리 순서

치킨 커틀렛 먼저 완성!
치킨 커틀렛은 재료가 간단하고 닭 손질만 하면 끝이라 먼저 완성한 후 이탈리안 미트 소스를 진행하면 돼요. ^^
소스류는 나중에 완성!!!

만드는법

1. **닭다리** : 살만 분리 → 껍질째 0.5cm로 펼치고 힘줄 제거 → 칼집 → 소금, 검은후춧가루
2. **튀김기름 올리기**
3. **달걀물 만들고 빵가루 준비**
4. **튀김 준비** : 밑간한 닭에 밀가루 → 달걀물 → 빵가루
5. **딥팻후라이** : 160~170℃ 기름에 껍질이 먼저 바닥에 닿게 튀기기
6. **치킨 커틀렛 마무리** : 닭껍질이 위로 가게 완성접시 담기
7. **양파, 마늘, 셀러리** : 0.2cm 다지기
8. **캔 토마토** : 다지기
9. **파슬리** : 찬물 → 가루 만들기
10. **소고기** : 한 번 더 다지고 핏물 제거
11. **이탈리안 미트 소스 마무리**
(냄비)버터 → 다진 소고기 → 양파 → 셀러리 → 마늘 → 토마토 페이스트 1T → 월계수잎, 파슬리줄기 → 물 2C 정도 → 소금, 검은후추 간하고 완성그릇에 담기 → 파슬리가루 뿌리기

전과정 한눈에 보기

25분

혼공비법 실전 4탄

30분

실제로 시험은 두 가지 과제를 제출해야 하니까 두 가지 과제를 만드는 실전 연습은 여길 보세요!

홀렌다이즈 소스

① 양파, 식초를 이용하여 허브에센스 만들어 사용
② 정제 버터를 만들어 사용
③ 소스는 중탕으로 만들어 굳지 않게 담기
④ 소스는 100ml 정도 제출

쉬림프 카나페

① 새우는 내장 제거 후 미르포아를 넣고 삶아 껍질 제거
② 달걀은 완숙
③ 식빵은 지름 4cm의 원형 4개 제출

조리 순서

쉬림프 카나페 먼저 완성!
불을 여러 가지로 사용하니 헷갈리시죠? ① 허브에센스 ② 새우미르포아 ③ 달걀 삶기 ④ 식빵 토스트 ⑤ 버터 녹이기의 순서대로 진행해 보세요.
단!!! 달걀 삶은 뜨거운 물은 버리지 말고 버터 녹이는 물에도 사용하면 시간 단축!!! 만약 버렸다면 다시 끓이면 돼죠. ^^
허브에센스와 새우는 식혀서 사용해야 하니 제일 먼저 진행하세요~

만드는법

1. **파슬리 → 찬물**
2. **양파**
   홀렌다이즈 소스 곱게 채썰기(허브에센스용)
   쉬림프 카나페 곱게 채썰기(미르포아용)
3. **통후추** : 으깨기
4. **허브에센스**
   (냄비)물 1/3C+양파채+통후추 으깬 것+파슬리줄기+월계수잎+식초 1T
   → 국물이 3T 남을 때까지 끓이기
   → 체에 거르고 식히기
5. **쉬림프 카나페용 새우 삶기**
   - 새우 : 내장 제거
   - 당근, 셀러리 : 채썰기
   - (냄비)물 올리고 끓으면 미르포아(양파채, 당근채, 셀러리채, 레몬, 파슬리줄기) 넣고 새우 4마리 머리째 넣고 삶기
6. **레몬즙 만들기**
   * 레몬은 반으로 나누어 하나는 즙, 하나는 미르포아
7. **달걀 삶기**
   (냄비)달걀 1개+찬물+소금 넣고 완숙으로 삶기(12~15분) → 찬물에 식히기
8. **파슬리 뜯어놓기**
9. **쉬림프 카나페용 식빵**
   식빵 → 지름 4cm의 원형으로 재단 → (마른팬)노릇하게 굽기 → 한쪽에 버터 바르기
10. **홀렌다이즈 소스용 버터 녹이기**
    버터 잘게 자르기 → (냄비)중탕으로 버터 녹이기 → 불순물 제거하기
11. **쉬림프 카나페 마무리**
    - 식힌 새우의 껍질은 벗겨 칼집 넣기
    - 삶은 달걀 껍질 벗겨 → 0.5cm 두께 원형 4개 만들기
    - 토스트 식빵 → 달걀 → 새우 → 케첩(+흰후춧가루) → 파슬리 순으로 올리기
    - 4개의 일정한 모양을 만들어 쉬림프 카나페 완성
12. **달걀 유화하기**
    (큰 대접)달걀 2개 → 노른자만 준비 → 허브에센스 1T
    ⇒ 달걀의 양보다 2~3배 늘어날 때까지 한쪽방향으로 계속 저어 유화시키기
13. **홀렌다이즈 소스 마무리**
    버터를 조금씩 넣고 저어주어 되직하게 만들어주기 → 레몬즙, 소금, 흰후춧가루 넣어 완성
    * 중탕한 물을 옆에 두고 버터가 굳지 않도록!

전과정 한눈에 보기

30분 **혼공비법 실전 5탄** 30분

실제로 시험은 두 가지 과제를 제출해야 하니까 두 가지 과제를 만드는 실전 연습은 여길 보세요!

참치타르타르

① 참치 해동 후 3~4mm의 작은 주사위모양썰기, 양파, 그린올리브, 케이퍼, 처빌 등을 이용하여 타르타르 만들기
② 샐러드 부케 만들어 곁들이기
③ 참치타르타르는 퀜넬 형태로 3개 만들기
④ 채소 비네그레트는 양파, 붉은색, 노란색 파프리카, 오이 2mm의 작은 주사위모양, 파슬리와 딜은 다져서 사용

포테이토 크림 수프

① 크루톤 사방 0.8cm~1cm 정도로 만들어 버터에 볶아 수프에 띄우기
② 익힌 감자는 체에 내려 사용하기
③ 수프의 색과 농도에 유의하고 200ml 정도 제출

조리 순서

참치타르타르 먼저 완성!
참치타르타르는 재료가 너무 많고 과정도 많지만 포테이토 크림 수프는 재료도 간단, 만드는 법도 어렵지 않아요. 포테이토 크림 수프는 수프기 때문에 나중에 완성해야 해요. 그리고 어려운 참치타르타르를 먼저 완성하면 왠지 홀가분하고 좋지 않을까요? 포테이토 크림 수프의 감자를 익히는 동안 참치타르타르를 정신없이(?) 완성해보세요. ^^
참! 이번 품목은 ① 참치타르타르용 ② 비네그레트용 ③ 수프용 재료로 구분해서 사용하는 게 좋습니다.

만드는법

1. **냄비에 데칠 물 올리기(차이브)**
2. **참치** : 소금물에 해동 → 물기 제거 → 3~4mm 주사위모양
3. **사전작업**
   - 롤라로사, 그린치커리, 차이브 → 찬물
   - 물 끓으면 일부 차이브(2~3줄기) 데치기
4. **재료손질**
   - 감자 : 얇게 편 → 찬물
   - 양파

포테이토 크림 수프	일부 채썰기
참치타르타르	나머지 곱게 다지기(① 참치타르타르용 ② 비네그레트용)

   - 대파 : 채썰기
5. **수프 끓이기**: (냄비)버터 두르고 → 대파, 양파, 감자 순으로 볶다가 → 물 2C → 월계수잎(처음에 센불 끓으면 불을 줄이고 뚜껑덮고 뭉근히 감자 푹 익히기)
6. **붉은색 파프리카**
   ① 일부 채 썰기(2~3가닥)(샐러드 부케용)
   ② 나머지 0.2cm 작은 주사위모양(비네그레트)
7. **오이** : ① 껍질 분리하고 속은 구멍내기(샐러드 부케용)
   ② 껍질 0.2cm 작은 주사위모양 자르기(비네그레트)
8. **샐러드 부케 만들기** : 롤라로사, 치커리, 데치지 않은 차이브, 채 썬 붉은색 파프리카 → 데친 차이브로 밑둥 묶고 아래 평평히 자르기 → 오이구멍에 끼워 부케 고정
9. **참치타르타르 재료손질**
   - 그린올리브, 처빌 : 다지기
   - 케이퍼 : 반으로 자르기
10. **참치타르타르 만들기** : 참치, 양파, 그린올리브, 처빌, 케이퍼, 레몬즙, 올리브오일 1t, 핫 소스 1/2t, 소금 후추
11. **비네그레트 재료손질**
    - 노란색 파프리카 : 0.2cm 작은 주사위모양
    - 파슬리, 딜 : 다지기
12. **비네그레트 만들기** : 붉은색 파프리카, 노란색 파프리카, 양파 1/2, 오이껍질, 파슬리, 딜, 레몬즙, 식초, 후추, 소금, 올리브오일
13. **참치타르타르 마무리** : 완성접시에 샐러드 부케 올리고 참치타르타르 퀸넬 모양으로 3개 만들어 올리기 → 비네그레트 보기 좋게 뿌려 완성하기
14. **감자 익으면 체에 내리기**
    * 국물까지 모두 내리고, 국물이 많으면 묽어지니 제시한 물의 양을 꼭 지키기!
15. **식빵** : 사방 1cm 주사위모양 자르기 → 크루톤 만들기
16. **수프 끓이기** : (냄비)체에 내린 감자에 생크림 1T 넣고 끓인 후 → 소금, 흰후춧가루 간
17. **수프 마무리** : 완성그릇에 수프를 200ml 이상 담고 크루톤 올려 완성

전과정 한눈에 보기

35분

혼공비법 실전 6탄

25분

실제로 시험은 두 가지 과제를 제출해야 하니까 두 가지 과제를 만드는 실전 연습은 여길 보세요!

시저 샐러드

① 마요네즈(100g 이상), 시저 드레싱(100g 이상), 시저 샐러드(전량)를 만들어 3가지를 각각 별도의 그릇에 담아 제출
② 마요네즈는 달걀노른자, 카놀라오일, 레몬즙, 디존 머스터드, 화이트와인식초를 사용
③ 시저 드레싱은 마요네즈, 마늘, 앤초비, 검은후춧가루, 파미지아노 레기아노, 올리브오일, 디존 머스터드, 레몬즙을 사용
④ 파미지아노 레기아노는 강판이나 채칼을 사용
⑤ 시저 샐러드는 로메인 상추, 곁들임(크루톤, 베이컨, 파미지아노 레기아노), 시저 드레싱을 사용

프렌치 프라이드 쉬림프

① 새우는 꼬리쪽에서 1마디 정도 껍질을 남겨 구부러지지 않게 튀기기
② 달걀흰자를 분리하여 거품을 내어 튀김반죽에 사용
③ 새우튀김 4개 제출
④ 레몬과 파슬리를 곁들이기

조리 순서

프렌치 프라이드 쉬림프 먼저 완성!
시저 샐러드는 만드는 과정에서 마요네즈와 시저 드레싱을 따로 담아 같이 제출해야 하기 때문에 재료준비를 다하고 한 번에 진행하세요. 그래서 프렌치 프라이드 쉬림프를 다 완성하고 그 다음에 시저 샐러드를 쭈~욱 연결해서 마무리하면 됩니다.

만드는법

1. **로메인상추, 파슬리 → 찬물**
2. **새우** : 내장, 머리, 껍질 제거(꼬리 1마디 남기고) → 물총 제거 → 배쪽 어슷 칼집(휘어주기) → 소금, 흰후춧가루 밑간
3. **레몬**
   - 시저 샐러드 : 레몬즙(마요네즈, 시저 드레싱)
   - 프렌치 프라이드 쉬림프 : 가니쉬
4. **재료손질**
   - 마늘, 앤초비 : 다지기
   - 베이컨 : 폭 0.5cm로 썰기
5. **식빵** : 1×1cm 정육면체 자르기 → (팬)올리브오일 두르고 볶아 크루톤 만들기
6. **팬작업** : (팬)올리브오일 두르고 베이컨 굽기
7. **새우 튀김 만들기**
   - 노른자반죽 : 노른자+물 1T+설탕+소금 → 밀가루 3T 섞기
   - 튀김기름 올리기
   - 흰자 : 머랭 만들기
   - 튀김옷 만들기 : 노른자 반죽에 머랭 섞기
   - 밑간한 새우에 밀가루 → 튀김옷 입혀 160℃에서 서서히 튀기기
8. **프렌치 프라이드 쉬림프 마무리** : 완성접시에 파슬리, 레몬 장식, 새우 올려 완성
9. **파미지아노 레기아노 강판에 갈기**
10. **마요네즈 만들기** : 달걀노른자에 카놀라오일 조금씩 넣어 거품기로 저어주기 → 레몬즙, 화이트와인식초, 디존머스터드 ⇒ 마요네즈 만들어 100g 덜어놓기
11. **시저 드레싱 만들기** : 남은 마요네즈+다진 마늘, 다진 앤초비, 치즈가루, 올리브오일, 검은후춧가루, 소금, 디존 머스터드, 레몬즙 ⇒ 시저 드레싱 만들어 100g 덜어놓기
12. **로메인 물기 제거 후 시저 드레싱에 버무리기**
13. **시저 샐러드 마무리** : 시저 샐러드 위에 베이컨, 크루톤, 치즈가루 얹어 마요네즈, 시저 드레싱과 제출

전과정 한눈에 보기

실제로 시험은 두 가지 과제를 제출해야 하니까 두 가지 과제를 만드는 실전 연습은 여길 보세요!

브라운 그래비 소스

① 브라운 루를 만들어 사용
② 채소와 토마토 페이스트를 볶아서 사용
③ 소스의 양은 200ml 정도

브라운 스톡

① 스톡은 맑고 갈색
② 소뼈는 찬물에 담가 핏물을 제거한 후 구워서 사용
③ 당근, 양파, 셀러리는 얇게 썬 후 볶아서 사용
④ 향신료로 사세 데피스를 만들어 사용
⑤ 완성된 스톡 200ml 이상 제출

조리 순서

브라운 스톡 먼저 완성!
소스와 스톡! 둘 중에 스톡부터 완성하면 됩니다. 소스와 스톡은 거의 재료가 비슷한 품목들이 많습니다. 이번처럼 브라운 그래비 소스와 브라운 스톡의 경우 들어가는 채소가 거의 같아 모든 재료를 손질하여 나누고 스톡먼저 완성하고 소스를 만들면 됩니다.

만드는법

1. **냄비에 물 1C 올리기**(토마토 콩카세용)
2. **소뼈** : 찬물에 담가 핏물 뺀 후 → 막, 기름 제거
3. **양파, 당근, 셀러리** : 채썰기(소스, 스톡 공통재료이므로 둘로 나눠놓기)
4. **토마토 콩카세**
5. **사세 데피스**(파슬리줄기, 월계수잎, 통후추, 정향)
6. **소뼈 굽기** : (팬)식용유 두르고 소뼈를 갈색나도록 굽기
7. **브라운 스톡 재료 볶기** : (팬)버터 두르고 양파 → 당근 → 셀러리 → 토마토 볶기
8. **브라운 스톡 마무리** : (냄비)볶은 채소와 물 2.5C 넣기 → 색깔을 낸 소뼈+사세 데피스 넣고 끓이기 → 걸러 완성그릇에 1C 담아 브라운 스톡 완성!
9. **브라운 그래비 소스 재료 볶기** : (팬)버터 두르기 → 채 썬 채소(양파, 당근, 셀러리) 넣고 갈색나게 볶기 → 접시에 펼쳐놓기
10. **(팬)브라운 루 만들기**
11. **브라운 그래비 소스 마무리** : (냄비)볶은 채소+토마토 페이스트 1T을 넣고 볶다가 → 물 1.5C → 브라운 루 → 부케가르니 → 소금, 검은후춧가루 간 → 체에 걸러 완성그릇에 1C 담아 브라운 그래비 소스 완성

전과정 한눈에 보기

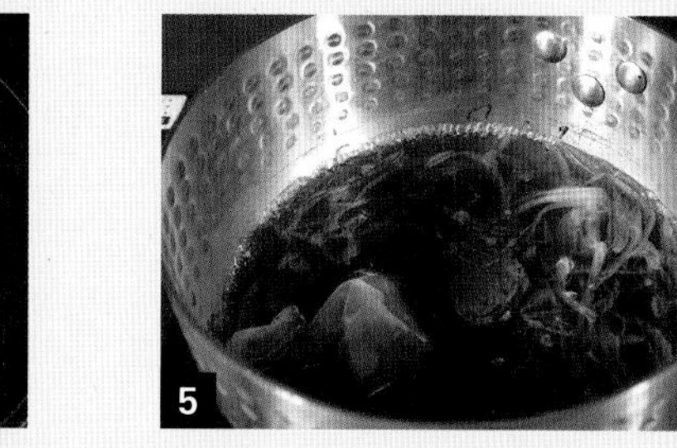

30분

혼공비법 실전 8탄

30분

실제로 시험은 두 가지 과제를 제출해야 하니까 두 가지 과제를 만드는 실전 연습은 여길 보세요!

치킨 알라킹

① 완성된 닭고기와 채소, 버섯의 크기는 1.8cm × 1.8cm로 균일하게
② 닭뼈 이용하여 치킨 육수 만들기
③ 화이트 루를 이용하여 베샤멜 소스를 만들어 사용

프렌치 어니언 수프

① 양파는 5cm 크기의 길이로 일정하게 썰기
② 바게트빵에 마늘버터를 발라 구워서 따로 담아 내기
③ 수프의 양은 200ml 정도 제출

조리 순서

프렌치 어니언 수프 먼저 완성!
알라킹은 루를 이용하니 프렌치 어니언 수프를 먼저 완성해요!
프렌치 어니언 수프는 냄비에서 양파를 미숙한 솜씨로 갈색나게 볶으면 냄비 벽과 바닥이 타서 지저분해져요. 그러면 알라킹의 하얀 소스가 원하는 대로 만들어지지 않겠죠? 본인이 평소 어니언 수프를 만들 때 냄비가 지저분했다면 알라킹을 먼저 만들되 제출직전에 농도를 확인하고 스톡을 조금 더 넣어 다시 끓이고 제출하면 됩니다.

만드는법

1. **닭다리** : 뼈와 살을 분리 → 껍질 제거 → 2×2cm 자르기
2. **치킨스톡** : (냄비)버터 두르기 → 닭뼈만 넣고 가볍게 볶기 → 물 1C 붓고 끓이기 → 체 + 면보에 스톡을 분리
3. **재료손질**
   - 양파
     - 치킨 알라킹 1.8×1.8cm 자르기
     - 프렌치 어니언 수프 가늘고 일정하게 채썰기
   - 파슬리 : 찬물 → 가루 만들기
   - 마늘 : 곱게 다지기
   - 양송이 : 껍질 제거 → 4~6쪽 자르기
   - 청피망, 홍피망 : 1.8×1.8cm 자르기
4. **부케가르니 만들기** : 양파 속대, 정향 1개, 월계수잎
5. **따로 담아낼 바게트빵 만들기** : (팬)다진 마늘+버터 1T+파슬리+파마산치즈 → 바게트빵 한쪽에 바르기 → 노릇하게 굽기
6. **치킨 알라킹 재료 볶기** : (팬)버터 → 양파 → 양송이 → 청피망 → 홍피망 → 닭살 순으로 각각 볶기
7. **프렌치 어니언 수프 마무리** : (냄비)버터 → 양파(갈색나게) → 화이트와인 1T → 물 1T씩 여러 번 나눠 넣고 볶기 → 물 2C → 소금, 검은후춧가루 넣고 완성그릇에 1C 정도 담기
8. **치킨 알라킹 마무리** : (냄비)화이트 루 → 치킨 스톡 넣어 풀어주기 → 우유 1/2C → 부케가르니 넣기 → 닭고기, 볶은 채소 → 생크림 1T → 소금, 흰후춧가루 간 → 부케가르니 건지고 완성그릇에 담기

전과정 한눈에 보기

30분 35분

혼공비법 실전 9탄

실제로 시험은 두 가지 과제를 제출해야 하니까 두 가지 과제를 만드는 실전 연습은 여길 보세요!

스페니쉬 오믈렛

① 토마토, 양파, 청피망, 양송이, 베이컨은 0.5cm의 크기로 썰어 오믈렛 소 만들기
② 소가 흘러나오지 않도록 하기
③ 소를 넣어 나무젓가락과 팬을 이용하여 타원형으로 만들기

해산물 스파게티

① 스파게티 면은 알 덴테
② 조개 껍질째, 새우 껍질을 벗겨 내장 제거, 관자살 편, 오징어 0.8cm x 5cm 크기로 썰어 사용
③ 해산물은 화이트와인을 사용하여 조리, 마늘과 양파는 해산물 조리와 토마토 소스 조리에 나누어 사용
④ 바질을 넣은 토마토 소스 만들어 사용
⑤ 스파게티는 토마토 소스에 버무리고 다진 파슬리와 슬라이스 한 바질을 넣어 완성

조리 순서

스페니쉬 오믈렛 먼저 완성!
토마토 소스 해산물 스파게티는 재료도 많고 과정도 복잡하지요? 우선 스페니쉬 오믈렛을 완전히 만들어 담고, 차근히 요구사항을 보며 꼼꼼히 체크해서 토마토 소스 해산물 스파게티를 만드는 게 실수하지 않고 잘 하는 방법입니다. 스페니쉬 오믈렛은 재료를 다 사용하면 많으니 필요한 양만 사용하세요. 30분의 시간 중 많은 시간이 남아 스파게티 만들 때 편하게 사용할 수 있어요. ^^ 참! 이번 품목은 ① 오믈렛용 ② 토마토 소스용 ③ 해산물 익히기용 재료로 구분해서 사용하는 게 좋습니다.

만드는법

1. **모시조개 해감**
2. **재료손질**
   - 양파
     스페니쉬 오믈렛 사방 0.5cm
     해산물 스파게티 다지기(① 토마토 소스 ② 해산물 익히기용)
   - 피망, 베이컨, 양송이 : 사방 0.5cm
   - 토마토 : 껍질, 씨 제거 후 0.5cm
3. **오믈렛 속 완성**
   (팬)버터 두르고→ 베이컨 → 양파 → 양송이 → 피망 → 토마토 → 토마토케첩 1T 넣고 볶기 → 소금, 검은후춧가루
4. **달걀** : 3개 풀기(소금) → 체에 내리기 → 생크림 1T 섞기
5. **스페니쉬 오믈렛 마무리** : (오믈렛 팬)식용유+버터 → 달걀 넣고 젓가락 이용해서 스크램블 에그 → 달걀이 반 정도 익으면 오믈렛 속 넣고 양끝을 타원형으로 접기
6. **냄비에 물 올리기(스파게티용)**
7. **마늘, 양파** : 다지기
8. **스파게티면** : 알 덴테 삶기(8분 정도, 올리브오일, 소금 약간 첨가)
9. **재료손질**
   - 방울토마토 : 2~4등분하기
   - 바질 : 채썰기
   - 파슬리 : 찬물 → 가루 만들기
   - 캔 토마토 : 다지기
   - 새우 : 내장, 껍질 제거
   - 오징어 : 0.8×5cm 채썰기
   - 관자 : 막 제거 후 얇게 편썰기
10. **토마토 소스 완성** : (냄비)올리브오일 두르고 → 다진 양파, 다진 마늘, 캔 토마토, 바질, 소금, 흰후춧가루
11. **해산물 스파게티 볶기** : (팬)올리브오일 두르고 → 다진마늘, 다진 양파 → 해산물(센불) → 화이트와인(조개입이 벌어질 때까지 볶기) → 토마토 소스 → 스파게티면 → 방울토마토 → 소금, 흰후춧가루 간
12. **해산물 스파게티 마무리** : 완성접시에 담고 파슬리가루, 채 썬 바질 올리기

전과정 한눈에 보기

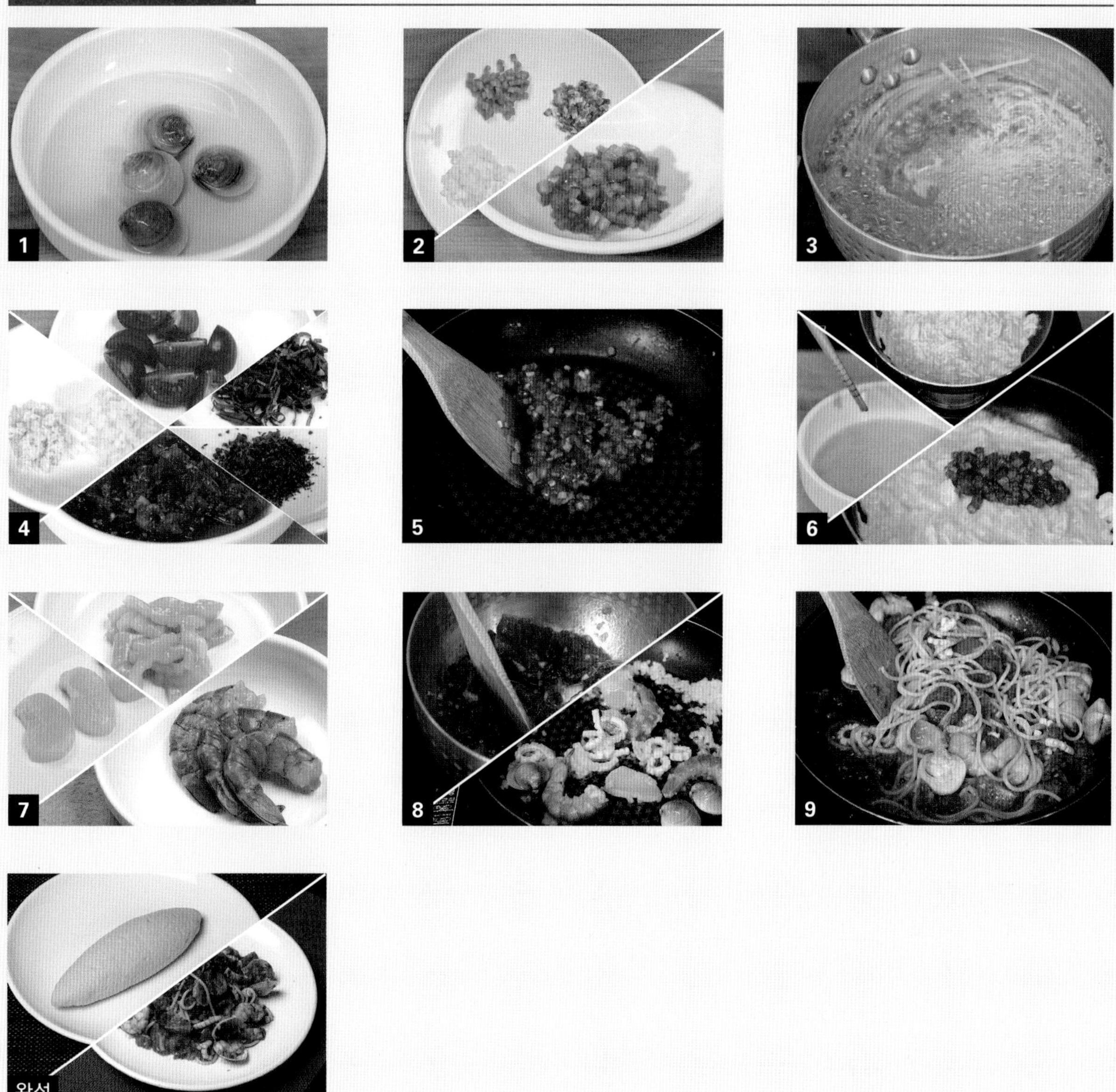

20분

혼공비법 **실전 10탄**

40분

실제로 시험은 두 가지 과제를 제출해야 하니까 두 가지 과제를 만드는 실전 연습은 여길 보세요!

월도프 샐러드

① 사과, 셀러리, 호두알을 1cm의 크기
② 사과의 껍질을 벗겨 변색되지 않게 하고, 호두알의 속껍질을 벗겨 사용
③ 상추 위에 월도프 샐러드 담기

비프 콘소메

① 어니언 브루리(onion brulee)를 만들어 사용
② 양파를 포함한 채소는 채 썰어 향신료, 소고기, 달걀흰자 머랭과 함께 섞어 사용
③ 수프는 맑고 갈색이 되도록 하여 200mL이상 제출

조리 순서

비프 콘소메는 중약불로 오래 끓여야 맑고 깨끗하게 만들 수 있어요. 비프 콘소메를 끓이는 중에 월도프 샐러드 재료를 준비해도 좋습니다. 비프 콘소메는 제출 직전까지 오래 끓이기를 추천합니다.

만드는법

1. **냄비에 물 올리기**(호두용, 토마토 꽁까세용)
2. **재료손질**
   - 양상추 : 찬물
   - 호두 : 뜨거운 물에 불리기 → 껍질제거 → 1cm 자르기
   - 토마토 : 꽁까세
   - 다진 소고기 : 핏물제거
   - 양파 : 밑둥 2~3쪽 원형, 나머지 채썰기
   - 당근 : 채썰기
   - 셀러리
     월도프 샐러드 사방 1cm 자르기
     비프 콘소메 채썰기
   - 레몬즙 만들기(사과갈변방지, 마무리 버무리기 두 군데 들어감)
   - 사과 : 사방 1cm 정육면체 썰기 → 레몬즙 물에 담그기 → 물기제거
3. **어니언 부르니 만들기**
4. **머랭 만들기**
5. **비프 콘소메 섞기**
   머랭 + 채 썬 양파 + 당근 + **채 썬 셀러리** + 소고기 + 토마토 + 통후추 + 정향 + 월계수잎 + 파슬리줄기 섞기
6. **비프 콘소메 끓이기**
   (냄비)물 4C + 어니언브루니 + 5 재료(도넛모양으로) → 소금, 검은후춧가루(중약불 유지) → 20분 이상 끓이기
7. **월도프 샐러드 마무리**
   사과 + 셀러리(사방 1cm) + 호두 + 마요네즈 + 소금 + 흰후춧가루 + 레몬즙 버무리기 → 양상추 깔고 담기
8. **비프 콘소메 마무리**
   비프 콘소메 숟가락으로 떠서 맑으면 걸러 1C 이상 완성그릇 담기

전과정 한눈에 보기

양식조리기능사 실기

점선을 따라 잘라 활용하는

레시피 요약

타르타르 소스

1. 파슬리 : 찬물 → 가루 만들기
2. (냄비)달걀, 소금, 식초 넣어 12~15분 삶기 → 찬물
3. 레몬즙 만들기
4. 양파 : 다지기 → 소금 → 물기 제거
5. 오이피클 : 다지기 → 물기 제거
6. 흰자 : 곱게 다지기
   노른자 : 1/3~1/2만 체에 내리기
7. 달걀 다진 것+오이피클+양파+마요네즈+소금+흰후춧가루 → 레몬즙, 파슬리가루(2/3) 섞기
8. 완성그릇에 담고 남은 파슬리가루 뿌리기

사우전 아일랜드 드레싱

1. (냄비)달걀, 소금, 식초 넣어 12~15분 삶기 → 찬물
2. 레몬즙 만들기
3. 양파 : 다지기 → 소금 → 물기 제거
4. 오이피클 : 다지기 → 물기 제거
5. 청피망 : 다지기
6. 흰자 : 곱게 다지기
   노른자 : 1/3~1/2만 체에 내리기
7. 달걀 다진 것+오이피클+양파+청피망+마요네즈+케첩+소금+흰후춧가루 → 레몬즙, 식초

월도프 샐러드

1. 냄비 1C 물 올리기(호두용)
2. 양상추 : 찬물
3. 호두 : 뜨거운 물에 불리기 → 껍질 제거
   → 1cm 자르기
4. 셀러리 : 사방 1cm 자르기
5. 레몬즙 만들기
6. 사과 : 사방 1cm 정육면체 썰기
   → 레몬즙 또는 소금물에 담그기 → 물기 제거
7. 사과+셀러리+호두+마요네즈+소금+흰후추+레몬즙
8. 양상추 깔고 담기

치즈 오믈렛

1. 치즈 : 사방 0.5cm 자르기
2. 달걀 : 3개 풀기 → 소금 → 체에 내리기 → 생크림 1T → 치즈 1/2 달걀물에 넣기
3. (오믈렛팬)식용유+버터 → 달걀 넣고 젓가락 이용 스크램블 에그
4. 달걀이 반 정도 익으면 남은 치즈 넣고 양끝을 타원형으로 접어 오믈렛 만들기
5. 접시 담기

프렌치 프라이드 쉬림프

1. 파슬리 : 찬물
2. 새우 : 내장, 머리, 껍질 제거(꼬리 1마디 남기고) → 배 쪽 어슷 칼집 → 소금, 후추
3. 노른자 반죽 : 노른자, 물 1T, 소금, 설탕 → 밀가루 3T 섞기
4. 튀김기름 올리기
5. 머랭 만들기
6. 노른자 반죽에 머랭 섞기 ⇒ 튀김옷
7. 새우 : 밀가루 → 튀김옷 입혀 튀기기
8. 완성접시에 파슬리, 레몬 장식, 새우 올려 완성하기

홀렌다이즈 소스

1. 양파 : 곱게 채
2. 통후추 : 칼면으로 으깨기
3. 허브에센스 : (냄비)물 1/3C+양파채+통후추 으깬 것+파슬리줄기+월계수잎+식초 1T
4. 허브에센스 3T 남으면 거르기
5. 버터 잘게 자르기 → 중탕으로 녹이기
6. 레몬즙 만들기
7. 달걀노른자만 준비
8. 중탕한 물 냄비에 담고 그릇 올리기
   → 노른자 넣고 한 방향으로 저어 풀어주기
   → 허브에센스 1T
   → 버터 조금씩 떨어뜨리며 한쪽 방향으로 되직하게 젓기
   → 레몬즙, 소금, 흰후춧가루
9. 완성그릇에 담기

이탈리안 미트 소스

1. 양파, 마늘, 셀러리 : 0.2cm 다지기
2. 캔 토마토 : 다지기
3. 파슬리 : 찬물 → 가루 만들기
4. 소고기 : 한 번 더 다지기 → 핏물 제거
5. (냄비)버터 → 소고기 → 양파 → 셀러리 → 마늘
   → 토마토 페이스트 → 물 2C
   → 캔 토마토, 파슬리줄기, 월계수잎
   → 소금, 검은후춧가루
6. 완성그릇에 담고 파슬리가루 뿌려 완성하기

브라운 그래비 소스

1. 양파, 셀러리, 당근 : 채썰기
2. (팬)버터 → 채 썬 채소 갈색나게 볶기
3. 브라운 루 만들기
4. (냄비)볶은 채소+토마토 페이스트 1T → 물 2C → 브라운 루 → 부케가르니 → 소금, 검은후춧가루
5. 걸러 1C 이상 완성그릇에 담기

해산물 샐러드

1. 양상추, 그린치커리, 롤라로사 : 찬물 → 물기 제거 → 한입크기 뜯기
2. 새우 : 내장 제거
3. 관자 : 막 제거 후 3등분
4. 피홍합과 중합 : 소금물 담그기
5. 양파 : 1/2 채썰고, 나머지 다지기
6. 당근, 셀러리 : 채썰기
7. 레몬 : 1/2 레몬즙, 나머지 그대로
8. (냄비)물 2C+쿠르부용(채 썬 채소, 마늘, 실파, 월계수잎 1장, 통후추 3알, 레몬) 끓이기
9. 8에 물 끓으면 관자(3등분) → 새우 → 중합 → 피홍합 삶기
10. 다진 양파+올리브오일+레몬즙 1t+식초 2t+소금+흰후춧가루 ⇒ 레몬 비네그레트 드레싱
11. 완성접시에 채소와 해산물을 담고, 레몬 비네그레트 드레싱 뿌리고 딜로 장식하여 완성하기

포테이토 샐러드

1. 냄비에 물 올리기
2. 파슬리 : 찬물 → 가루 만들기
3. 감자 : 1cm 정육면체 → 찬물
   → 물 끓으면 감자 삶기
   → 익은 감자 체에 받쳐 물기 제거
4. 양파 : 다지기 → 소금 뿌리기 → 물기 제거
5. 감자+양파+마요네즈+소금+흰후추+파슬리가루 버무리기
6. 완성접시에 담고 파슬리가루 뿌리기

BLT 샌드위치

1. 양상추 : 찬물
2. 토마토 : 0.5cm 원형
3. (마른 팬)식빵 굽기(약불) → 베이컨 굽기
4. 구운 빵 → 마요네즈 바르기
5. 빵+양상추+베이컨(소금, 검은후춧가루)
   → 빵+양상추+토마토(소금, 검은후춧가루) → 빵
6. 샌드위치 접시로 눌러놓기
7. 샌드위치 4등분하기
8. 접시에 담기

햄버거 샌드위치

1. 양상추 : 찬물
2. 양파 : 0.5cm 두께 원형 1개, 나머지 다지기
3. 셀러리 : 다지기
4. 토마토 : 0.5cm 원형 → 소금, 후추
5. 소고기 : 다지기
6. 햄버거 빵 버터 발라 굽기
7. (마른 팬)양파, 셀러리 볶기
8. 양상추 빵 크기로 만들기
9. 달걀물 1T+빵가루 2~3T로 불리기
10. 다진 소고기+양파+셀러리+불린 빵가루+소금+검은후춧가루 섞어 치대기 ⇒ 패티
11. 패티 : 두께 0.8cm 원형 → 약불에서 익히기
12. 빵–상추–패티–토마토–양파–뚜껑빵 순으로 올리기
13. 햄버거 반 잘라 완성접시에 담기

미네스트로니 수프

1. 냄비에 물 올리기 → 스파게티면 삶기, 베이컨 데치기
2. 무, 양파, 양배추, 당근, 베이컨 : 1.2×1.2×0.2cm 자르기
3. 스파게티면, 껍질콩 : 1.2cm 자르기
4. 마늘 : 다지기
5. 파슬리 : 찬물 → 가루 만들기
6. 부케가르니 : 양파 속대+월계수잎+정향
7. 토마토 : 콩카세
8. (냄비)버터 → 양파, 무, 셀러리, 양배추, 당근, 마늘 → 토마토 페이스트 → 물 1.5C → 토마토 다진 것+베이컨+부케가르니+완두콩+스파게티+껍질콩 → 소금, 검은후춧가루
9. 완성그릇에 담고 파슬리가루 뿌리기

피시 차우더 수프

1. 냄비에 물 1C 올리기
2. 생선살 : 1×1×1cm 주사위모양
3. 감자 : 0.7×0.7×0.1cm → 찬물
4. 양파, 셀러리, 베이컨 : 0.7×0.7×0.1cm
5. 물이 끓으면 생선살 익히기 ⇒ 피시 스톡
6. (팬)버터 → 베이컨, 양파, 셀러리, 감자 순으로 볶기
7. 화이트 루 → 피시 스톡 → 우유 → 볶은 재료, 생선살, 부케가르니 → 소금, 흰후춧가루
8. 완성그릇에 담기

프렌치 어니언 수프

1. 양파 : 5cm 채썰기
2. 파슬리 : 찬물 → 가루 만들기
3. 마늘 : 다지기
4. 다진 마늘+버터 1T+파슬리+파마산치즈 → 바게트빵 발라 굽기
5. (냄비)버터 → 양파 → 백포도주 → 물 조금씩(양파 갈색나게) → 물 2C → 소금, 검은후춧가루
6. 완성그릇에 담고 바게트빵 함께 제출하기

포테이토 크림 수프

1. 감자 : 얇게 편 → 찬물
2. 양파, 대파 : 채썰기
3. 식빵 : 사방 1cm 주사위 모양 → 크루톤 만들기
4. (냄비)버터 → 대파, 양파, 감자 → 물 2C → 월계수잎
5. 감자 익으면 체에 내리기
6. (냄비)5 담고 생크림 1T → 소금, 흰후춧가루
7. 완성그릇에 담고 크루톤 올려 완성

브라운 스톡

1. 냄비에 물 1C 올리기(콩카세용)
2. 소뼈 : 찬물 → 막, 기름 제거
3. 양파, 당근, 셀러리 : 채썰기
4. 토마토 : 콩카세 → 굵게 다지기
5. 사세 데피스 : 파슬리줄기, 월계수잎, 통후추, 정향, 다임
6. (팬)식용유 → 소뼈 굽기
7. (팬)버터 → 양파, 당근, 셀러리, 토마토 볶기
8. (냄비)6 넣고 물 2.5C → 소뼈+사세 데피스
9. 걸러 1C 이상 완성그릇에 담기

쉬림프 카나페

1. 냄비에 물 올리기
2. 파슬리 : 찬물 → 장식용 뜯기
3. 새우 : 내장 제거
4. 양파, 셀러리, 당근 : 채썰기
5. 물 끓으면 미르포아(양파채, 당근채, 셀러리채, 레몬, 파슬리줄기)+새우 4마리 → 새우 식히기
6. (냄비)달걀+찬물+소금 → 완숙 삶기 → 찬물에 식히기
7. 식빵 : 지름 4cm 원형 → (마른팬)굽기
   → 한쪽에 버터 바르기
8. 식힌 새우 껍질 벗겨 칼집 넣기
9. 삶은 달걀 껍질 벗겨 0.5cm 두께 원형으로 4개 만들기
10. 식빵-달걀-새우-케첩(+후추)-파슬리 순으로 올리기
11. 완성접시에 담기

스페니쉬 오믈렛

1. 양파, 피망, 베이컨, 양송이 : 사방 0.5cm
2. 토마토 : 콩카세
3. (팬)버터 → 베이컨, 양파, 양송이, 청피망, 토마토
   → 토마토케첩 1T → 소금, 검은후춧가루
4. 달걀 3개 풀어 소금 → 체에 내리기 → 생크림 1T
5. (오믈렛 팬)식용유+버터
   → 달걀 넣고 젓가락 이용 스크럼블 에그
6. 달걀이 반 정도 익으면 3을 1T 넣고 양끝을 타원형으로 접어 오믈렛 만들기
7. 접시 담기

치킨 알라킹

1. 닭다리 : 뼈와 살 분리 → 껍질 제거 → 2×2cm 썰기
2. (냄비)버터 → 닭뼈 → 물 1C → 끓으면 체에 걸러 ⇒ 치킨 스톡
3. 청피망, 홍피망, 양파 : 1.8×1.8cm 썰기
4. 부케가르니 : 양파 속대, 월계수잎, 정향
5. 양송이 : 4쪽으로 자르기
6. (팬)버터 → 양파, 양송이, 청피망, 홍피망, 닭살 순으로 각각 볶기
7. (냄비)화이트 루 → 치킨 스톡 → 우유 → 부케가르니 → 닭고기, 볶은 채소, 생크림 1T, 소금, 흰후춧가루
8. 부케가르니 건지고 완성그릇에 담기

치킨 커틀렛

1. 닭다리 : 살만 분리 → 껍질째 0.5cm로 펼치고 힘줄 제거 → 칼집 → 소금, 검은후춧가루
2. 튀김기름 올리기
3. 달걀물 만들고 빵가루 준비
4. 손질닭 : 달걀물 → 빵가루 → 딥팻후라이
5. 완성접시에 담기

스파게티 카르보나라

1. 냄비에 물 올리기(스파게티용)
2. 파슬리 : 찬물 → 가루 만들기
3. 통후추 : 칼등으로 으깨기
4. 베이컨 : 1cm 폭으로 채썰기
5. 스파게티면 : 알 덴테 삶기(올리브오일, 소금 약간)
6. 리에종 소스 : 생크림 3T, 노른자 1개, 소금 약간
7. (팬)올리브오일 → 베이컨, 통후추 → 스파게티면 → 생크림 1/2C, 소금 → (불 끄고)버터+리에종 소스+파마산치즈+파슬리가루
8. 완성접시에 파슬리와 으깬 통후추 뿌려 담기

참치타르타르

1. 냄비에 물 올리기
2. 참치 : 소금물에 해동 → 물기 제거 → 3~4mm 주사위모양
3. 롤라로사, 그린치커리, 차이브 : 찬물
4. 물 끓으면 일부 차이브(2~3줄기) 데치기
5. 붉은색 파프리카 : 일부 채 썰기(2~3가닥), 나머지 0.2cm 작은 주사위모양
6. 샐러드 부케 : 롤라로사, 치커리, 데치지 않은 차이브, 채 썬 붉은색 파프리카
7. 오이 : 껍질 분리하고 속은 구멍내기 → 샐러드 부케 끼워 고정, 껍질은 0.2cm 작은 주사위모양
8. 양파, 그린올리브, 처빌 : 다지기
9. 케이퍼 : 반으로 자르기
10. 참치타르타르 : 참치, 양파, 그린올리브, 처빌, 케이퍼, 레몬즙, 올리브오일 1t, 핫 소스 1/2t, 소금, 후추
11. 노란색 파프리카 : 0.2cm 작은 주사위모양
12. 파슬리, 딜 : 다지기
13. 비네그레트 : 붉은색 파프리카, 노란색 파프리카, 양파 1/2, 오이껍질, 파슬리, 딜, 레몬즙, 식초, 후추, 소금, 올리브오일
14. 완성접시에 샐러드 부케 올리고 참치타르타르 퀸넬 모양으로 3개 만들어 올리기
15. 비네그레트를 뿌려 완성하기

서로인 스테이크

1. 냄비에 물 올리기
2. 소고기 : 기름, 막 제거 → 소금, 검은후춧가루
3. 감자 : 5×0.8×0.8cm 막대모양 → 찬물
4. 양파 : 다지기
5. 당근 : 비쉬모양
6. (냄비)물이 끓으면 → 소금 약간
→ 감자, 당근, 시금치 데치기
7. (냄비)물1/3C, 버터 1t, 설탕 1T, 소금+당근 졸이기
8. 감자 튀겨 소금 뿌리기
9. (팬)식용유 → 다진 양파 → 시금치
10. (팬)식용유+버터 → 소고기 굽기(미디움)
11. 완성접시에 가니쉬 담고 스테이크 올려 완성

토마토 소스 해산물 스파게티

1. 냄비에 물 올리기(스파게티용)
2. 모시조개 : 소금물 해감
3. 마늘, 양파 : 다지기
4. 스파게티면 : 알 덴테 삶기(올리브오일, 소금 약간)
5. 방울토마토 : 2~4등분하기
6. 바질 : 채썰기
7. 파슬리 : 찬물 → 가루 만들기
8. 캔 토마토 : 다지기
9. 관자 : 막 제거 후 얇게 편
10. 오징어 : 0.8×5cm 채썰기
11. 새우 : 내장 껍질 제거
12. (냄비)올리브오일
→ 다진 양파, 다진 마늘, 캔 토마토, 바질, 소금, 흰후춧가루
⇒ 토마토 소스
13. (팬)올리브오일 → 다진 마늘, 다진 양파 → 해산물
→ 화이트와인 → 토마토 소스 → 스파게티면
→ 방울토마토 → 파슬리가루, 채 썬 바질
→ 소금, 흰후춧가루
14. 완성접시에 담고 파슬리가루, 채 썬 바질 올리기

시저 샐러드

1. 로메인 상추 : 찬물 → 물기 제거 → 자르기
2. 레몬즙 만들기
3. 마늘, 앤초비 : 다지기
4. 베이컨 : 폭 0.5cm 썰기
5. 식빵 : 1×1cm 정육면체 → (팬)올리브오일에 볶기
⇒ 크루톤
6. (팬)올리브오일 → 베이컨 굽기
7. 파미지아노 레기아노 : 강판에 갈기
8. 달걀노른자 → 카놀라오일 조금씩 넣어 거품기로 저어주기
→ 레몬즙, 화이트와인식초, 디존 머스터드
⇒ 마요네즈(100g 따로 덜어놓기)
9. 남은 마요네즈+다진 마늘, 다진 앤초비, 치즈가루, 올리브오일, 검은후춧가루, 소금, 디존 머스터드, 레몬즙
⇒시저 드레싱(100g 덜어놓기)
10. 시저 드레싱에 로메인 상추 버무리기
11. 시저 샐러드 위에 베이컨, 크루톤, 치즈가루 얹어 마요네즈, 시저 드레싱과 제출하기

비프 콘소메

1. 냄비에 물 올리기(토마토 콩카세용)
2. 다진 소고기 : 핏물 제거
3. 양파 : 밑둥 2~3쪽 원형, 나머지 채썰기
4. 당근, 셀러리 : 채썰기
5. 토마토 : 콩카세
6. 어니언 브루리 만들기
7. 머랭 만들기
8. 머랭+채 썬 양파+당근+셀러리+소고기+토마토+통후추+정향+월계수잎+파슬리줄기 섞기
9. (냄비)물 4C+어니언 브루리+8 재료(도넛모양으로)
→ 소금, 검은후춧가루(중약불 유지) ⇒ 20분 정도 끓이기
10. 걸러 1C 이상 완성그릇 담기

비프 스튜

1. 소고기 : 2cm 정육면체 → 소금, 후추 → 밀가루
2. 당근, 감자 : 1.8×1.8cm 정육면체
3. 셀러리 : 사방 1.8cm
4. 양파 : 사방 1.8cm
5. 마늘 : 다지기
6. 파슬리 : 찬물 → 가루 만들기
7. (팬)버터 → 소고기 굽기 → 당근, 감자, 양파, 셀러리 볶기
8. (냄비)브라운 루 만들기
   → 토마토 페이스트
   → 소고기, 다진 마늘, 고기, 채소 → 물 2C → 부케가르니
   → 소금, 후추
10. 완성그릇에 담고 파슬리가루 뿌리기

바베큐 폭찹

1. 돼지갈비 : 기름 제거 → 찬물에 핏물 제거
   → 1cm 두께로 포 → 칼집 → 소금, 후추 → 밀가루
   → (팬)노릇하게 지지기
2. 레몬즙 만들기
3. 셀러리, 양파, 마늘 : 0.3cm 굵기로 다지기
4. (팬)버터 → 양파, 마늘, 셀러리
   → 케첩 3T → 물 1C
   → 우스터 소스, 식초, 핫 소스, 황설탕, 레몬즙, 월계수잎 → 돼지갈비 졸이기
   → 소금, 검은후춧가루
5. 돼지갈비에 소스 뿌려 완성접시에 담기

살리스버리 스테이크

1. 냄비에 물 올리기
2. 빵가루 2T+우유 1T ⇒ 불리기
3. 감자 : 5×0.8×0.8cm 막대모양 → 찬물
4. 당근 : 비쉬모양
5. 양파 : 다지기 → 1/2 볶기
   → 펼쳐 식히기, 나머지는 다져서 그대로 두기
6. (냄비)물이 끓으면 → 소금 약간
   → 감자, 당근, 시금치 데치기
7. (냄비)물1/3C, 버터 1t, 설탕 1T, 소금+당근 졸이기
8. 감자 튀겨 소금 뿌리기
9. (팬)식용유 → 다진 양파 → 시금치
10. 갈은 소고기 → 한 번 더 다지기 → 핏물 제거
11. 다진 소고기+볶은 양파+불린 빵가루+달걀물 1T+소금+검은후춧가루 → 두께 0.7cm 럭비공 모양
12. (팬)중불로 11 익히기
13. 완성접시에 가니쉬 담고 스테이크 올려 완성

혼공비법

20분 월도프 샐러드-채소
0
1
0
1
0
1
30분 포테이토 샐러드-감자
0
1
0
1
30분 햄버거 샌드위치-고기 토마토 양파
0.5
0.5
1
30분 피시차우더수프-채소
0
0.7
0
0.7
0
0.7
0
0.7
30분 미네스트로니 수프-채소
0
1.2
0
1.2
0
1.2
30분 프렌치 어니언 수프-양파
0
1
2
3
4
5

30분 쉬림프 카나페–식빵
0
1
2
3
4
0 1 2 3 4
30분 포테이토 크림 수프–크루톤
0
1
0 1
30분 치킨 알라킹–채소
0
1
1.8
0 1 1.8
0 1 1.8
0 1 1.8
40분 비프 스튜–채소
0
1
1.8
0 1 1.8
0 1 1.8
0 1 1.8
20분 토마토 소스 해산물 스파게티–오징어
0
0.8
0 1 2 3 4 5